まえがき

２０１９年４月から全国農業会議所より専門相談員の委嘱を受け、人・農地プランの実質化を含む農地利用の最適化を推進する専門家として活動を始めました。約39年間の地方公務員（茨城県東海村職員）生活を３月で卒業しました。

定年前の２年間は農業委員会事務局長、定年後は１年間の再任用職員も経験しました。それまでは職員研修、生涯学習、地域自治、市民協働の推進などを主に担当してきました。このような経緯もあり、「まち（地域）づくり」の視点からも農業問題を捉え、少しではありますが前進させてきたと自負しています。

本書では、これまでに私が関わった講演会や研修会などで参加者から頂いた質問や感想、意見交換の結果も踏まえ、人・農地プラン実質化を確実に進めるために具体的に何をすべきか、現場出身者の私ならではの目線でお伝えしたいと思います。

なお、具体的な取り組み方については、ＭＦＡ（会議ファシ[illegible]及協会　釘山健一代表、小野寺郷子副代表）メソッドが基本となっており、それを私な[illegible]落座談会用にアレンジして活用しているものであります。

２０２０年12月

澤畑　佳夫

本書を読まれる前に―本書の解説と推薦―

「思いをカタチにできる集落座談会の聞き方」を成功させるために

本書は、「人・農地プランの実質化」に向けて地域で話し合いをする際にワークショップ方式を採用し、それを効果的に進めるファシリテーションとファシリテーター（初めて聞く読者の方が多いと思います）という「会議の進行役」の技術、方法等について簡潔に書かれています。以下本書のコンセプトについて記します。

1　農業委員会は、なぜ農地利用最適化に取り組むのか？なぜ人・農地プランに取り組むのか？

近年、農業委員、農地利用最適化推進委員は「人・農地プランの実質化」を進めるため集落の座談会等に積極的に参加してコーディネータ役を果たすことが期待されています。

平成28年に施行された改正農業委員会法第6条第2項で、農業委員会は農地利用の最適化に取り組むことが法令必須業務となりました。法律の解釈的には農地利用の最適化とは**図1**のように「担い手への農地利用の集積・集約化」、「遊休農地の発生防止・解消」、「新規参入の促進」の3つを指します。全国の農業委員会では「農地利用最適化推進指針」を策定し、毎年この3つについて事業計画で目標を立てて取り組み、結果を分析・評価してHPで公表しています。

農業委員会組織ではこの「農地利用最適化」を次のように整理し、全国１７０２

図１　農地利用最適化業務

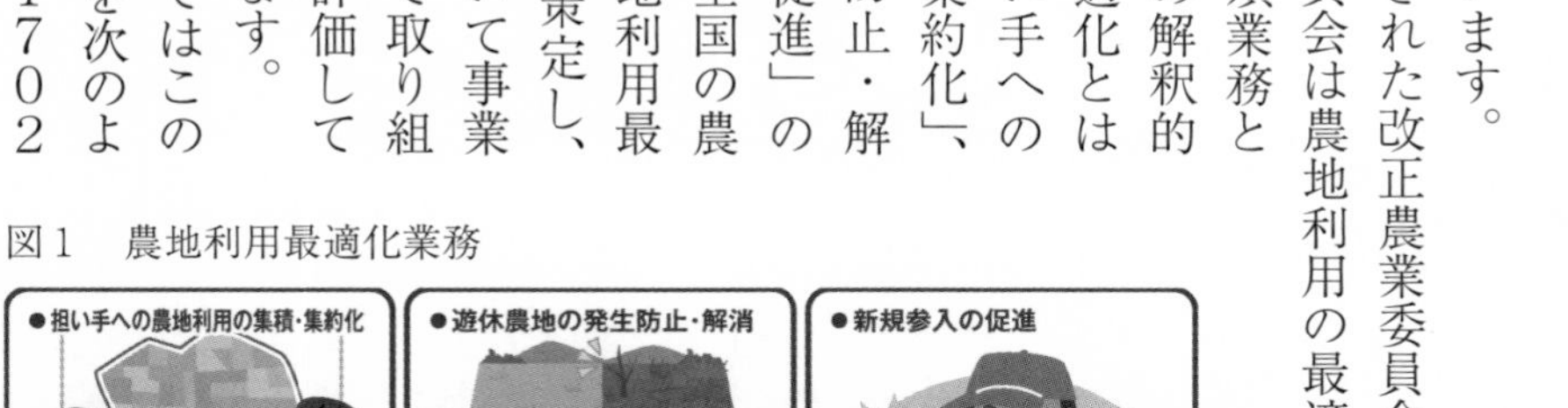
●担い手への農地利用の集積・集約化
●遊休農地の発生防止・解消
●新規参入の促進

の農業委員会、約4万人の農業委員、農地利用最適化推進委員が力を合わせて取り組んでいるところです。

「農地利用最適化」とは農地に責任をもつ組織である農業委員会が地域の農地を次の世代に引き継いでいくために、「今耕されている農地を、耕されているうちに、耕せる人へ引き継いでいく」ことです。そのためには「農地中間管理機構」があろうが、なかろうが、「人・農地プラン」があろうが、なかろうが、お仲間の農家さんのご意向を把握したり、お仲間同士でとことん話し合いを重ねる必要があります。

「農地中間管理機構」と「人・農地プラン」は、農業委員会の取り組みを国が政策でバックアップしてくれていると捉えて取り組んでみましょう。

2　話し合いの方法

話し合いの方法には、**図2**のように大まかに分けて二種類あります。プレゼンテーション方式と

図2　地域の実情に応じた話し合い活動の方式

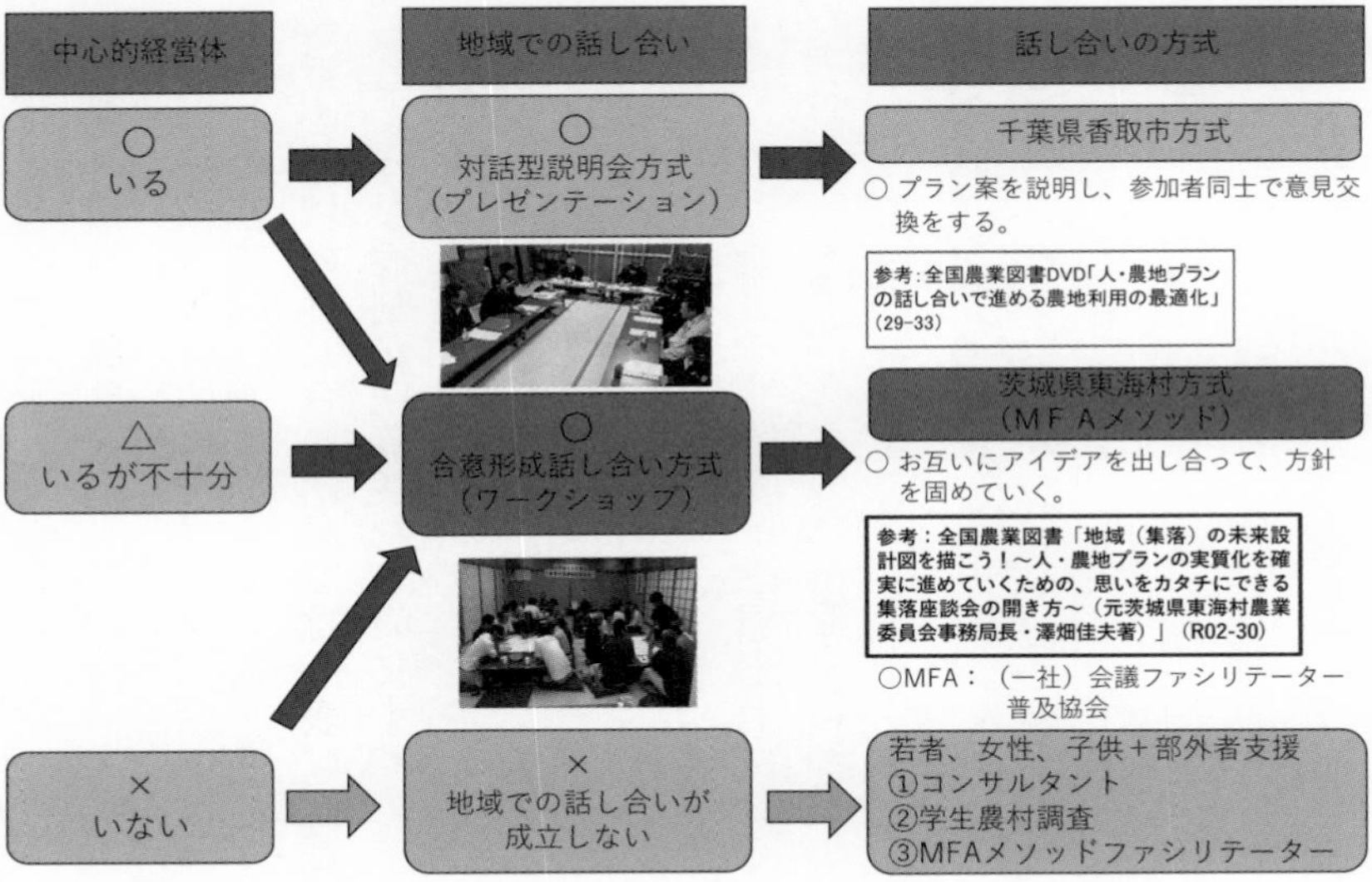

中心的経営体
地域での話し合い
話し合いの方式
○ いる
○ 対話型説明会方式（プレゼンテーション）
千葉県香取市方式
○ プラン案を説明し、参加者同士で意見交換をする。
参考：全国農業図書DVD「人・農地プランの話し合いで進める農地利用の最適化」（29-33）
△ いるが不十分
○ 合意形成話し合い方式（ワークショップ）
茨城県東海村方式（ＭＦＡメソッド）
○ お互いにアイデアを出し合って、方針を固めていく。
参考：全国農業図書「地域（集落）の未来設計図を描こう！～人・農地プランの実質化を確実に進めていくための、思いをカタチにできる集落座談会の開き方～（元茨城県東海村農業委員会事務局長・澤畑佳夫著）」（R02-30）
○MFA：（一社）会議ファシリテーター普及協会
× いない
× 地域での話し合いが成立しない
若者、女性、子供＋部外者支援
①コンサルタント
②学生農村調査
③MFAメソッドファシリテーター

ワークショップ方式です。どちらを選ぶかは「人・農地プランの実質化」に当たって、中心経営体のいる、いない、話し合いの気運のある、なしで図を参考にご自分の地域に適当な方式を決めていただくことになりますが、「人・農地プランの実質化」に当たっては多くの地域で「ワークショップ方式」が適していると言っても過言ではありません。その際には本書で詳しく解説している「会議の進行役（ファシリーテーター）」のスキルが重要であることを強調させていただきます。

３　話し合い活動で農業委員会に期待されているコーディネーター役―目指すは「会議の進行役（ファシリーテーター）」！

農業委員と農地利用最適化推進委員は、人・農地プラン等の話し合い活動においてコーディネーター役を果たすことが求められています。

コーディネーター役？　ピンときませんか？

コーディネーター役とは調整役、進行役と訳されます。農業委員と農地利用最適化推進委員は、そもそも農業と農地の調整役として任命、委嘱されているのですから改めて言われる必要もないのです。そうした基本的役割に加えて、人・農地プラン等最近の地域の話し合い活動では、**表**に記載されているような役割が期待されています。

表を見ると随分いろいろなコーディネーターの役割がありますが、可能であればＢの３「進行・集約」を担っていただけるようになればと思います。その場合、会議や話し合いでの通常の司会、議長よりは「会議の進行役」のスキルや方法論を身につけていただくと鬼に金棒といえます。「ファシリーテーター」という単語を初めて聞いたり、聞いたことがあっても何のことか全然分からないという方がほとんどかと思います。

誤解を恐れず一言で言ってしまえば、「ファシリテーター」とは「会議・話し合いの参加者全員が発言するスキルやみんなが納得するように進めるスキルを持った進行役・議長」のことと整理で

表　話し合いで農業委員、推進委員に期待されている役割＝コーディネーター役

農業委員会はもともと農地の利用調整（あっせん、和解の仲介等）に取り組んできた→地域の代表、調整役（コーディネーター）です！

	項目	取り組み内容
A　必ず実行すること	1　委員の立場で話し合いに参加	話し合いに参加し、意見交換に加わる。
	2　話し合いへの参加の呼びかけ	「地域の将来を決める大事な話し合い」と積極的に声がけを行う。
B　できることから取り組むこと	3　進行・集約（その手伝い）	全委員が発言できるように議論を引き出しつつ、話合いがまとまるように進行や意見の集約をフォローする（＝ファシリテート、ファシリテーター）
	4　現場活動報告（意向把握調査の結果の報告）	日ごろの現場活動の状況、意向把握の結果を紹介する。
	5　話題提供	冒頭の挨拶や他地域の取り組み事例、利用できる補助事業等を紹介する。

きると思われます。地域の農地をどうしたらよいか等の話し合いをする際は、このスキルが役に立つことを本書をお読みいただければご理解いただけると思います。

4　澤畑さんとMFAメソッド

本書の著者の澤畑佳夫さんは略歴にあるように茨城県東海村農業委員会で平成28年から30年まで在籍され、28年と29年は事務局長をお務めになられました。現在は全国農業会議所の専門相談員として全国を飛び回っており、平成30年から令和2年の現在まで2万人近い農業委員会の関係者がその講演と研修を受講されてます。澤畑さんの話を聞かれた多くの方から、話の内容を書籍化できないかとのご要望を受け、このブックレット発行の運びとなりました。

澤畑さんの40年近い役場勤務のうち、農政と農業委員会勤務に携わったのは役場勤務最後の3年間だけでした。しかし、その短い期間で全村で集落座談会を実施し、その話し合いの中から農地中間管理機構を活用した担い手や新規就農者への農地集積の成果を上げられました。

その話し合いの手法が本書で詳しく語られるMFAメソッドです。それは澤畑さんが役場勤務の最後の頃、師事し会得した手法です。会議ファシリテーター普及協会（代表　釘山健一氏）のノウハウを余すことなく活用した手法です。

なお、「MFAメソッド」という用語は会議ファシリテーター普及協会代表の釘山健一氏と全国農業会議所で協議して作りました。

話し合いの方法はワークショップだけではありません。話し合いを進めるスキルも「MFAメソッド」に基づくファシリテーションだけでは決してありません。合意が得られればどんな手法を用いても構わないことは論を待ちません。ただ、澤畑さんが依拠した「MFAメソッド」は本書の副題にもなっている、「思いをカタチにできる！」だけではなく、「楽しくなければ会議ではない！」、「明るくなければ会議ではない！」そんなことを実感させてくれる手法であり、この話し合いを通して農地を集積するという現下の農政課題を実現されたのです。その一事を持って全国農業会議所としては全国の農業委員会へご推奨申し上げる次第です。

読後、これは「面白そうだ」、「研修を受けてみるか」と思われたら是非、〝生〟澤畑さん、一般社団法人会議ファシリテーター普及協会にお問い合わせいただけたら幸いです。

それでは澤畑ワールド、「MFAメソッド」の世界へいざどうぞ！

2020年12月

一般社団法人　全国農業会議所

目　次

まえがき……………………………………………………………………… 1
本書を読まれる前に―本書の解説と推薦―………………………………… 2

Ⅰ　人・農地プランの実質化を確実に進めていくために
～その疑問、専門相談員が一緒に考えます～
1．はじめに………………………………………………………………… 8
2．「地域の未来設計図」を描こう ………………………………………… 8
3．最初は利用意向調査から……………………………………………… 10
4．マンパワー不足を理由にしても・・・………………………………… 11
5．委員と事務局協働へ、地図作りから始めよう……………………… 12
6．女性、若者の声にも耳を傾けよう…………………………………… 14
7．それでいいですか？　会議の進め方………………………………… 15
8．発言しやすい雰囲気づくりを………………………………………… 17
9．合意形成は「納得した」の言葉が最高……………………………… 18
10．地域の力結集し「生きたプラン」に………………………………… 19

※全国農業新聞記事（2019年10月25日付～2020年1月10日付、10回連載）を再編集しました

Ⅱ　人・農地プランの実質化に向けた具体的な座談会の開き方
1．座談会を始める前に…………………………………………………… 21
2．1回目の座談会の開き方 ……………………………………………… 23
3．2回目の座談会の開き方 ……………………………………………… 36
4．3回目の座談会の開き方 ……………………………………………… 47
5．座談会の具体的なスケジュール……………………………………… 59
6．座談会（ワークショップ方式）1回分で使用する
備品・消耗品等一式（例）……………………………………………… 61
7．1回目の座談会の始めに、会の趣旨を説明するための「紙芝居」
…………………………………………………………………………… 63

Ⅰ　人・農地プランの実質化を確実に進めていくために
～その疑問、専門相談員が一緒に考えます～

1　はじめに

２０１２年にスタートした人・農地プランですが、正直なところ市町村、特に地域（集落）まで理解されているとは言い難いと思います。今後その中核として推進にあたる農業委員、農地利用最適化推進委員にも浸透しているとは言えない状況ではないでしょうか。私が行った委員向けの講演会でのアンケートでは、「初めて自分たちの役目や何のためにやるのか、その具体的な進め方が理解できた。早速やってみる」といった声も寄せられました。

ここで重要なポイントは、関係者の方でさえ、具体的にどのように進めていいのか分からなくて悩んでいるということだと思います。人・農地プランとは何か、なぜ必要なのかなどをしっかり説明できる関係者がどれだけいるでしょうか。実は、自分の言葉でプランを語れる人を増やすことこそが最大のポイントになります。

2　「地域の未来設計図」を描こう

最終決定権は住民にある

ただし注意しなければならないのが「国や県が言うから」「補助金や助成金がもらえなくなるから」（確かにその通りなのですが）プランを策定しなければならないなどの説明をすることです。特に、地域（集落）の座談会で、市町村などの主催者（？）が始めのあいさつでこれを言うのはいかがなものでしょうか。市町村として本当は取り組みたくないのだが…と誤解を受ける恐れがあるからです。これでは地域と行政との信頼関係の構築や合意形成は図りづらく、ましてや策定後の推進は難しくなります。

私は人・農地プランの策定は「地域の未来設計図」を描くことだと説明しています。設計図を描くには、まず地域の長所や問題点を把握します。それを踏まえ、どう解決していくのか、どのような地域にしたいのか、その実現には何が必要で、誰が何をしなければならないのかを決めていく必要があります。そして、決定権はあくまで住民になければなりません。

危機意識の醸成が重要

そのためには地域の多くの方を巻き込み、意識調査やこれまでの検証（行政もできる限り情報提供）なども活用して住民の考えを把握する必要があります。単に担い手が減ってきているというのではなく、具体的な数字や図面を見せながら説明して危機意識を醸成することが大事になります。

そうすることで、初めて地域の厳しい状況を知るという方が意外に多いことに気づくことでしょう。

なぜ人・農地プランが必要なのか？

「国や県が言うから」
「補助金や助成金がもらえなくなるから」 } はNG！

人・農地プランは“地域の未来設計図”
地域の長所や問題点を把握し、解決策や目標、その実現に向けて必要なことや役割分担を住民自らが決めていく

3　最初は利用意向調査から

人・農地プラン作成のためには、まず関係者全体が地域の現状を把握し、危機意識を共有する必要があります。実は、農業委員会の事務局長になって最初に取り組んだのが「全農地の地権者の利用意向調査」でした。ただ、当時はプランのためという意識は強くありませんでした。

遊休農地予防策に

毎年7月頃に国から農地利用状況調査の依頼があります。前年度に市町村でどのくらい遊休農地を解消できたか、もしくは増えてしまったかを調べ、その度合いにより地権者の今後の利用意向を確認することになります。

これはあくまでも遊休化してからの措置です。現場に出向く度に「なぜこうなる前に対応できなかったのか」と心を痛めていました。そして、○アール解消できたと喜ぶ一方、新たにそれ以上に増える遊休農地に、果たしてこのやり方でいいのだろうかと疑問も感じていました。

遊休農地の解消とは、人間に例えれば病気になってからの治療と同じ。遊休化させない予防策を講じなければ治療件数が増えるだけです。治療にはお金がかかるし、耕作できる状況に戻すリハビリの時間も必要となります。そこで予防のため、全農地の地権者の5年後の利用意向調査に乗り出しました。

回答・回収率を高め実情を把握

アンケートの質問数も最小限にしました。回収率は良くても回答率が悪かった経験からです。質問数が多い場合、用紙が返ってきても5問程度まで回答して残りは白紙という例が多かったのです。また、私がこれまで関わった郵送によるアンケート調査の回収率は36％程度で、40％超えは珍しいという状況でした。

ところがこの調査では途中段階で50％を超えていました。より精度を高めたい思いと欲も重なり、農業委員会の総会で「何とか70％を目指したい」と提案。未提出者の一覧を農業委員と農地利用最適化推進委員に配り、該当者宅に戸別訪問を依頼した結果、71～72％という高回収率を達成できました。

調査結果（自作する、後継者に移譲したい、継続して貸したい、新たに貸したい、売りたい、その他）は1筆ごとに図面に落とし込みました。それを踏まえ農地を新たに貸したい・売りたい地権者を再訪問すると、5年以内の対応を望む人が多い実情も浮かび上がりました。

4 マンパワー不足を理由にしても・・・

地権者と耕作者の意向に食い違い

東海村では全農地地権者の利用意向調査の他、２０１８年度に「耕作者利用意向調査」も行いました。これにより、農業委員会に届け出ていないものを含む相対での貸借もある程度把握できました。

調査に乗り出したのは、地権者と耕作者の意向が食い違う相談が増えてきたからです。「子供たちに耕作してほしいから後継者に移譲すると回答したが、農業はやらないと言われてしまった」「現耕作者に継続してお願いしたかったのに高齢などを理由にできないと返されてしまった」「自宅から近く面積が大きいなど、より好条件で農地を借りることができた耕作者に農地を返されてしまった」「年齢は若いが農機具が壊れたら離農したい」などです。

この調査では、田・畑それぞれを貸す場合と借りる場合の賃借料も質問しました。その結果、「遊休化を防ぎたいので、タダでもいいからとにかく借りてほしい」という意向が増えてきていることが分かりました。

実は危機意識の醸成が必要なのは、行政や関係機関などの職員でも同様です。この2回の調査を講演会などで説明すると、さまざまな意見をいただきます。特に事務局の皆さんから多く寄せられるのが、「新たな取り組みは職員の仕事量を増やすため、大事だと分かっていても正直前向きに取り組めない」という声です。

確かに、多くの市町村がこれまで人・農地プランを推進できなかった理由にマンパワー不足を挙げています。ワークライフバランスや働き方改革が叫ばれる中、状況はますます厳しいでしょう。これまで同様に策定しても推進できない「絵に描いた餅」状態になってしまう可能性もあります。そうなれば時間の経過とともに「ばく大なツケ」として跳ね返ってくることになりますが、それは仕方がないですむでしょうか。

職員数削減の中、行政一任では限界

要するに、行政などに一任していたこれまでの手法では限界があるということです。人口減少がさらに進むと、多くの市町村は職員数を減らさざるを得ないでしょう。市町村の人事関係の方と話すと、そんな話しか聞こえてきません。

5 委員と事務局協働へ、地図作りから始めよう

業務配分を見直し、具体的に指示を

ある市町村の人事担当者から「財源や人員が限

られる中、現在の業務量でプランの実質化を進めるのは無理な話。業務の（1）取捨選択（2）優先順位付け（3）見直しや効率化（4）担当者への適切な業務配分などの対策を直ちに講じていかなければ」という意見をいただきました。皆さんはどう思うでしょうか？

私はこの指摘はもっともだと思います。プラン実質化を本気で推進するなら真っ先に取り組むべき課題でしょう。農業委員会事務局でも管理職がリーダーシップを発揮し、農業委員や農地利用最適化推進委員などと協議しながら業務効率化などの見直しを検討すべきです。部下にただ「残業や時間外労働はするな」というだけでなく、具体的な指示を出さなければ見直しは進みません。

「市民協働」の視点も重要となります。住民や地域、行政、関係機関などが役割分担を明確にしながら、みんなで決めた目的の達成を目指すことです。この視点を取り込み、まずは農業委員や農地利用最適化推進委員と事務局（農政課なども含む）の協働から始めてみてはどうでしょうか。

事務局がマンパワー不足にあえぐ一方、講演会などのアンケートでは多くの委員が「自分たちが何をすればいいのか理解できた。早速取り組みたい」と答えています。こうした意欲的な委員とも協働したい。「事務局がやりますから」ではなく、資料や情報を提供しながら「この部分は皆さんにお願いします」と言える関係が理想です。

プランの実質化ではアンケートの作成や実施、回収、集計などが必要となります。それに基づく地図作成も始まりますが、この辺から協働で作業してみてはどうでしょうか。農業委員と農地利用最適化推進委員、行政、事務局が手を携え、話し合いながら作り上げた地図は、地域の方に座談会などの必要性を説くのに大きな効果を発揮するでしょう。

冒頭の担当者はこうも指摘します。「頑張っている委員たちのためにも、日頃の活動をもっと積極的に周知すべき。残念ながら地域では農地転用許可を審査する委員という従来の印象がまだ強い」。事務局と委員が協働した成果を示していくことも大切です。

6　女性、若者の声にも耳を傾けよう

進め方を工夫し、楽しい座談会に

研修会などで一番多い相談は、座談会を企画しても人が集まらないのではないかという不安です。以前、私が関わった懇談会でもホームページでPRしたり首長名で案内状を送ったりしましたが、申し込みがほとんどなかった苦い経験があります。

後日、不参加の皆さんに話を聞きました。仕事があったとか関心がなかった方もいましたが、「いつも同じ人がしゃべる」「声が大きい人の意見ばかり通る」「一部の人の意見が代表として取り上げられる」「女性や若者、最近越してきた人の声は聞いてもらえない」との考えが根強くありました。

中でも多かったのが「結論ありきで自分たちの意見が反映されない」「形だけの会議で自分たちは利用されている」など。これまでの会議（座談会）の運営に不満な方が圧倒的に多かったのです。「どうせ今回も同じ」と思われているうちは人集めに苦労するでしょう。

講演会で「もし農業委員や農地利用最適化推進委員、事務局の仕事以外で集落座談会があれば参加しますか？」と質問していますが、どの会場も手を挙げるのはなんと2割弱です。当事者であっても、仕事でないなら出たくない会議を運営しているということです。

今後はプラン策定に向けた座談会を開くことになります。まずは農業委員や農地利用最適化推進委員、農業委員会事務局、行政、ＪＡ、土地改良区などで参加者の目標人数を定め、それぞれが行動して人を集めることが必要となるでしょう。特に自治会などの役員や認定農業者など、キーパーソンとなる（なってほしい）人には必ず直接参加

をお願いしましょう。

民生・児童委員などの協力も得られればなお良いです。福祉的な観点の情報を得ることも重要となります。

1回目の座談会を「今までとは違う」「このやり方なら支持する」「次回も来たい」と言われる内容にすることが大事です。女性や若者(後継者)の意見をどれだけ聴き入れ、反映できるかも大きなポイントとなります。

従来のイメージ払拭のためにも「楽しい座談会(話し合い)」の開催を試みてはどうでしょう。私は一つの手法として、ファシリテーションを活用したワークショップを提案しています。

7　それでいいですか？　会議の進め方

いつの間にか説明が説得に

これまでの会議のやり方を見直し、ファシリテーションを活用したワークショップを本格的に進めるきっかけとなった出来事があります。ある検討委員会の事務局を任された際、回数を重ねるごとにキーパーソンとなる人たちが参加しなくなったのです。表向きの理由は会社の残業でしたが、本当は事務局の会議の進め方に不満があるからでした。

当時の私は事務局として作成した案をたたき台として提示し、いつの間にか参加者への接し方が「説明」ではなく結論ありきの「説得」になっていたのです。貴重な提案や意見をいただいてもできない理由付けや言い訳ばかりで、自ら参加者のやる気をそぐ行動を取っていました。その上、「委員を引き受けたのに出席しないのは無責任だ」とも言っていました。

これでは参加者と行政が対峙関係になり、出席者が減るのは当たり前ですが、当時は何とかなると単純に考えていたのです。しかし、まとめの段階で了解がなかなか得られません。最終的にはこれまでの対応についてわびを入れて何とかまとめることができましたが、多くの関係者に迷惑をかけてしまいました。

自分には「合意形成を得るためのスキル」がないことがその要因の一つだと気付かされました。自分でも何とかしたいと模索する中で「これだ」とヒットしたのが、釘山健一さんが代表を務める会議ファシリテーター普及協会の講座です。ファシリテーターとは、議長とは異なり議決権を持たず、参加者が主体的に発言しやすい雰囲気を作りながら考えを引き出す進行役のことです。

笑顔で意見を交わすワークショップの参加者（茨城県東海村の農業集落座談会、２０１６年）

8　発言しやすい雰囲気づくりを

9割の参加者がこの手法を支持

　私がファシリテーションという手法に出合った後、紆余曲折を経て2014年度に「ファシリテーター養成講座」が村の新規事業に位置づけられました。高校生から年配の方まで総勢25人の研修がスタートしたのです。私も責任者として全8回を受講。このスキルを学んだことが自信となり、「農業集落座談会」の見直しにつながりました。

　座談会では新しい手法を採り入れることに難色を示す声もありましたが、「まずはやってみてから考えよう！」と挑戦しました。その後、参加者からのアンケートの回答を見て成果を実感しました。「自分の考えを話せた」「みんなが聴いてくれた」「参加者全員が主役になれた」「このやり方ならまた来るよ」と、どの会場も約9割の方がこの手法を支持すると答えてくれたのです。

事務局は背広やネクタイを禁止

　座談会の運営でまず重視したのが、話しやすい和やかな雰囲気づくりです。事務局は背広やネクタイを禁止。私自身もピンクのポロシャツを着てファシリテーターを務めました。「局長、今日はずいぶん派手だな！　でも、どこにいるのかすぐ分かる」と言われ、予想以上に好意的（？）に受け入れられました。

　他にも▽机の上にはお茶やお菓子を用意▽班内での自己紹介▽班対抗でのゲーム▽参加者の心得（約束）の掲示などの工夫を凝らしました。今は開会直前までBGMを流しています。

　実は、行政などが主催する懇談会や座談会などの参加者が会場に入って最初に感じることは「冷たい」とか「話しづらい」だそうです。こんな印象では笑顔も前向きな意見も出てくるとは思えません。「形だけ」の実施になる恐れがあります。

活発に意見を出し合う参加者（茨城・東海村の農業集落座談会、２０１６年）

9　合意形成は「納得した」の言葉が最高

参加意識が大切

数多くのプラン（計画）作成に携わってきましたが、皆さんが一番気になるのが目標の決め方ではないでしょうか。旅行でいう目的地です。例えば父親が一方的に「今年の家族旅行は○○に行く」と言うと、他の家族から「勝手に決めないで」「そこなら行かない」などいろいろな意見が出るでしょう。

地域の計画となるとますます大変です。参加者の意見を踏まえないと、後になって「勝手に決めた」と言われることや決定してもその後の動きが悪いことがあります。そんな経験をたくさんしてきました。

ポイントはどういう経緯で〝旅行先〟が決まっ

たかということ。それを決める場にいたい人は案外多い。この参加しているという気持ちが、後々の動きに大きく影響します。

座談会では自分の意見を話すこと以上に、他人の意見を「聴く」姿勢が大切となります。与えられた時間内でまとめることも重要です。残念ながら時間をかけたからといって格段に良くなった経験はあまりありません。

次に、たくさんの意見や提案が出てきた場合どうするのか？　前にも申し上げましたが、現場の財源や人員、時間には限りがあります。そこで重要なのが、優先順位付けや取捨選択です。

全員で投票を

私は一つの方法として、ＭＦＡ（会議ファシリテーター普及協会）メソッドでもある参加者全員の「投票」を推奨します。茨城県東海村の農業集落座談会を例に説明すると、①各班の意見を三つに集約して発表、②全員が１人３票で自分の班以外の意見に投票、③集落全体で票が多かった意見をさらに三つに絞るという手順です。全員に同じシールを配り、無記名投票としました。

人・農地プランの実質化では「中心経営体への農地集積・集約化の方針や進め方」、地域農業の将来像などをこの手法で決めることになります。「満足ではないが納得した」という言葉が聞こえてくれば最高の合意形成だと思います。

10　地域の力結集し「生きたプラン」に

座談会重ねて全員に納得を

今後は人・農地プランの実質化を進めるために各地域（集落）でプラン策定委員会をつくり、座談会を主催することになります。私はファシリテーションを活用したワークショップ方式で決めていく手法を推奨しています。「全員の納得感はプロセス（やり方）から生まれる」と思っているからです。

座談会は、1カ所当たり最低3回は必要でしょう。1回目は意向把握のアンケート結果やそれを基に作成した図面を説明し、危機意識を醸成。地域の長所や短所などを話し合って共有します。2回目は中心経営体への農地の集約化や地域農業の将来像など、地域の方針（目標）を決定。そして3回目に、実現のために必要な取り組みを考える——という流れを想定しています。

座談会を開いたら、次の開催は1カ月以内がいいでしょう。あまり間隔を空けると参加者が前回の状況を忘れて熱が冷めてしまいます。当日は必ず簡単に前回の結果を確認し、今回の進め方の了解も得てスタートすることが大事です。班のメンバー構成もできれば毎回異なる方がいいでしょう。多くの人の意見を「じかに聴き合いながら」進めた方が、その後の交流も盛んになるのです。

プランを策定したらいよいよ次はそれを具体化していく「推進」となりますが、次に問題となるのがプラン推進委員会のメンバーです。私の経験では、プラン策定委員とプラン推進委員が異なると「なぜ進めないのか?」「なぜ後のことを考えないで作ったのか?」という対立が必ず生じていました。

そこで、初めはプラン策定委員がそのままプラン推進委員となることをお勧めします。少なくとも同じメンバーで年3回程度の開催が必要でしょう。

大きなリスクがなければ「まずやってみる」、そして推進する中で「バージョンアップ」をすればいい。小さなリスクも完璧に解消できなければスタートしないと言う方もいますが、その間にも莫大な「ツケ」が増え続けていることを果たして認識しているのでしょうか!

これまで、人・農地プランの実質化の進め方についてお届けしてきました。少しでも参考にしてもらえるとうれしく思います。そして、ぜひ「生きたプラン」となるように地域の力を結集してください。

全国農業新聞記事（2019年10月25日付～2020年1月10日付、10回連載）を再編集しました

Ⅱ　人・農地プランの実質化に向けた具体的な座談会の開き方

前章の10で申し上げましたが、座談会は最低3回は必要です。以下、具体的に3回の座談会の開き方について見ていきましょう。

1　座談会を始める前に

持続可能なまち・むらの実現に向けて

現在、人・農地プランの実質化を図るための研修会が各地で開かれています。私も、その講師としてお邪魔していますが、「この地域には、農業後継者や認定農業者がいないのにプランを作る必要があるのですか？」という質問を多く受けます。特に、中山間地ではこうした声が多く上がっています。

皆さんは、この質問についてどう思われますか。私は、作らなくてもよいと思うのは次の2つのパターンだと説明しています。

1つ目は、地権者や耕作者等を対象としたアンケート調査報告で、その地域が将来（ひとまず5～10年先）、後継者や遊休農地に関する問題等がないと判断される場合。2つ目は、同報告を受けて、その地域や行政（農業委員、農地利用最適化推進委員も含む）、関係機関（JA、土地改良区、農地中間管理機構等）の皆さんが、最終的には限界（消滅）集落になってもやむを得ないと考えている、又はそのように判断した場合。要するに諦めている、諦めた場合です。

従いまして「何とかしたい」と思うのであれば、①地域での新規就農者を発掘・養成する、②入り作者（法人等も含む）を招聘するといったことが必要になってきます。

そこで重要なのは、地域として新規就農者や入り作者に対してどの様な条件を提示できるか、支援できるかだと思います。例えば「もし、こちらに来て耕作していただけるのであれば、地域として農地の集積・集約は○○のように取り組んでいきます、賃料は10アール当たり○○円で結構です、水は○○をお使いください、農道や水路の清掃は年○回、○○もお手伝いします、地産地消や販路拡大の観点から○○のようなことも一緒に考えていきます。その他に……ですが如何でしょうか」といったようにです。

持続可能なまち・むら（農業・農地も含む）を目指すのであれば、後継者の発掘や養成、招聘等は必須です。実質化された人・農地プランを推進するということは、このようなことについて座談会等を通じて決めていくことだと思います。

意義ある座談会にするために

私に対する質問の中で次に多いのが、座談会の開催案内を出しても参加者が集まらないので、どうしたらよいのかという悩みの声です。これは、これまで行われてきた、会議や座談会等の「運営上の進め方」が大きな問題の一つと思われます。

これを払拭するには、ある程度の時間を要します。そこで、私は「集まらない」ではなく「集める」ことを重要視しています。それは、以前に苦い経験をしたことがあるからです。それはプランとは別の会合でしたが、開催案内を２００通近く出したことがありました。

私は、最低でも1割に当たる20名くらいは出席するだろうと甘く考えていたのですが、開催日の1週間くらい前に何人かに連絡してみると皆所用があり参加しないという、つたない返事。その後、電話や訪問などをしてなんとか10名程度は集まり、「形」にはなったのですが、もし、当日まで何の手も打たなかったら、どんな座談会になっていたのかと思うと今でもぞっとします。

これは聞いた話ですが、人・農地プランを作成した際、地域の方が殆ど集まらなかったので、時間の関係もあり、主催者側の人達だけで決めたということでした。これでは、プランは出来ても推進しない、地域の方が積極的に行動しない、出来ないというのも理解できます。

座談会前に注意すること

①　参加者名簿の作成

事前に参加者名簿が作成できれば、より効果的に当日の運営・進行が可能になります。案内状をただ送って終わりにするのではなく、主催者側の皆さんが分担（人数の割当等）をして１回目は確実に参加者を「集めてくる」（最低主催者の数以上）という意識を持ちましょう。

②　開催日の２日前には参加予定者に向けて再度出席の確認をする

現在、私が関わっている集落座談会では、開催日の２日前に事務局から参加予定者に改めて出席の有無を確認するようにしています。

２日前というのが肝です。１週間前だと当日までの時間が開きすぎてしまいますし、１日前だと「忘れていて予定を入れてしまった」と断られてしまう事があります。

③　集合は座談会開始の15分前

集合時間を座談会の開始の５分前とするのでは、開始時間の遅れにつながる恐れがあります。参加者の中には、時間にルーズな方が一人二人はいるものです。

勝負は１回目の座談会の進め方（展開）だと思っています。参加者の思いがカタチにできる座談会、納得感は、どのような形でそれが決まったのか、そのプロセス（やり方）から生まれます。

開始時間ぴったりに始められるよう、メリハリのついた座談会にしましょう。

2　1回目の座談会の開き方

1　主催者あいさつの例

皆さん、こんにちは。〇〇課長の◇◇です。

本日の、主催者を代表して、一言ご挨拶申し上げます。今日は、皆さんにこの地域（集落）の未来（将来）の設計図を描いていただくために、お集りを頂きました。国では、この設計図のことを「人・農地プラン」と呼んでいます。今回、市内では●●ごとに■箇所で作ることを目標に掲げており、このような形での「座談会」を開催しております。しかし、同時にこれだけの数を作るとなると「優先順位」も考慮しなければならないと思っております。この後、●月に実施いたしました、この地域の○○アンケートの集計結果等について担当から説明をいたします。その報告を受けて、今日お集りの地域の皆さん方が、どの様に感じ、今後どの様にしていきたいのか等について、まずは伺いたいと考えております。その後の進め方については、その「考え方を受けて」申し上げます。

2　事務局からのアンケートの結果報告の例

タイプA

中心経営体（認定農業者等）で継続できる場合

それでは、過日行われました、この地域のアンケート調査の結果を簡単に報告させていただきます。

この地域の耕地面積は、約○haあります。全て「田（田んぼ）」です。

現在、この地域では認定農業者の方が2名おりまして、図面の赤色Aさん（●歳）が約□ha、ピンク色Bさん（●歳）が約■ha耕作しており、お二人の方で全体の7割を占めております。残りは、兼業農家の方で自作地です。今回のアンケート調査によると、Aさんは現状維持、Bさんは規模拡大の意向を示しております。よって、この集落は中心経営体（認定農業者）に●割以上任せられる状況にあると判断されます。以上です。

タイプB

現中心経営体のほかに新たに中心経営体を確保する必要がある場合

それでは、過日行われました、この地域のアンケート調査の結果を簡単に報告させていただきます。

この地域の耕地面積は、約○haあります。全て「田（田んぼ）」です。

現在、この地域では認定農業者の方が2名おりまして、図面の赤色Aさん（●歳）が約□ha、ピンク色Bさん（●歳）が約■ha耕作しており、お二人の方で全体の7割を占めております。残りは、兼業農家の方で自作地です。今回のアンケート調査によると、Aさんは現状維持、Bさんは高齢であること、後継者がいないことから耕作を継続することは厳しいと言っております。よって、この集落は現中心経営体（認定農業者）のほかに新たに中心経営体を確保する状況にあると判断されます。以上です。

タイプC

新たに中心経営体を確保する必要がある場合

それでは、過日行われました、この地域のアンケート調査の結果を簡単に報告させていただきます。

この地域の耕地面積は、約○haあります。全て「田（田んぼ）」です。

現在、この地域では認定農業者の方が2名おりまして、図面の赤色Aさん（●歳）が約□ha、ピンク色Bさん（●歳）が約■ha耕作しており、お二人の方で全体の7割を占めております。残りは、兼業農家の方で自作地です。今回のアンケート調査によると、Aさん、Bさん共に高齢であること、後継者がいないことから耕作を継続することは厳しいと言っております。よって、この集落は新たに中心経営体を確保する状況にあると判断されます。以上です。

3　参加者の意思確認の例

【FA：ファシリテーター（進行役）】

ただ今、事務局から●月に行った、この地域の

アンケート調査の集計結果について報告がありました。その報告によりますと、この地域は

> （1）中心経営体（認定農業者等）で継続できる
> （2）現中心経営体のほかに、新たに中心経営体を確保する必要がある
> （3）新たに中心経営体を確保する必要がある
>
> 選択

そうですが、今後どの様に対応したらいいでしょうか？

行政等の考え方は後ほど教えていただくこととしまして、まずは地域の皆さん方の考え方をお伺いしたいのですが・・・。

← **空白の時間あり**

⇓　いない場合は指名も可

○○さん、如何でしょうか？

⇓　数名の方に伺う

> ○○さん：中心経営体の方、自治（町内）会の役員、地域の重鎮
> その他にPTA・子ども会の役員　等
> （特に耕作放棄地が増えることによる犯罪等を心配しているので）
>
> ポイント：事前の情報収集により「プラス思考」の方を指名することが良い

数名の方に伺った結果

「マイナスの意見が多い場合」

【FA】

何人かの皆さんに意見を伺いました。この地域（集落）は、地域としての思いをまとめることに少々時間を要する、ということでよろしいでしょうか。地域の皆さんから貴重なご意見を頂きまし

たが、行政としては如何ですか。

⇓　行政といたしましても、地域の皆さんの考えを尊重して決めていきたいと思います。改めて皆さんからの申し出等を受けてから今後の対応を考えて参ります。本日は、ありがとうございました。

※行政が言うので仕方なくやる、やらされる、行政からの頼み込みは✖

「プラス思考の意見が多い場合」

【FA】

何人かの皆さんに意見を伺いました。地域（集落）の皆さんも、何とかしたい、解決に向けて動きたい、ということでよろしいでしょうか。地域の皆さんから貴重なご意見を頂きましたが、行政としては如何ですか。

⇓　行政といたしましても、地域の皆さんの熱い思いを受けて、一緒に考えながら進んでいきたいと思います。

【FA】

ありがとうございました。地域の方、そして行政や関係機関の方も一緒になって、今後の目標達成や課題解決に向けて取り組んでいこう、頑張ろう、ということでよろしいんですよね。OKの方は拍手をお願いします。

（意思確認）

4　今後の進め方・今回の進め方の説明

【FA】

それでは、これからの進め方について説明をさせていただきます。テーブルには、土地改良区、JA、役所等の皆さんにも入っていただいております。今日を含めて2時間程度の話し合いを3回予定しております。その中で、地域（集落）としての方針や具体的な対応策を決めていきます。ただ、これまでと大きく異なることは、「発言回数や発言時間が一部の方に偏っている」「声の大きい人だけの意見が通っている」「女性や若者の意見が通らない」⇒ 別添紙芝居（→p.63参照）の活用も可 というようなこれまでの苦情等に配慮し、参加者が対等な立場で自由に意見を出し合いながら決定していく方法を取り入れていきます。また、お茶やお菓子も若干用意いたしました。途中、飲みながら、つまみながらの参加もOKとします。そちらの貼り紙にも書いてありますとおり、「気軽に、楽しく、中身濃く」をモットーに進めたいと考えておりますので、どうぞよろしくお願いいたします。

5 自己紹介（全員に口を開かせる）

【FA】

それでは、始めに●分の時間を取りますので、各テーブルごとに「自己紹介」をお願いいたします、ということなのですが、ある会場では、何とお一人の方が、与えられました時間の半分以上を話され、最後の方までいかなかったという苦い経験が私にもあります。そこで、今日は一人「1分間」とします。

公平を期するために、グループ内でジャンケンを行い、最後まで残った方を1番とし、その方からスタートします。その方の、左隣の方が2番、その左隣の方が3番・・4、5、6、7番とします。今回は2番の方がタイマー係をお願いします。2番の方、タイマーをセットしてください。次に2つお願いがあります。1つ目に参加者は「対等」ということですので、この話し合いの中で、自分を何て呼んでほしいのか、ニックネームをご披露してください。2つ目は、プライベートにおいて、最近うれしかった出来事等を紹介の中に入れてください。

6　アイスブレイク（話し合いのキッカケづくり）

【FA】

各グループ3番の方、私の所に来てください。

← A3の用紙を、問題（クイズ）が書いてある面を裏にして渡す

私が、良いと言うまで裏返しのままにしておいてください。

4番の方、タイマーを3分にセットしてください。

それでは、表面にして皆さんで話し合いをしながら解答を出してください。

← 3分後

終了です。では、解答を発表します。

今年の紅白歌合戦に出場する歌手で
出場回数が多い順に番号を記入してください。

	歌手名	想定回数（回）	順位
ア	五木 ひろし		
イ	郷 ひろみ		
ウ	石川 さゆり		
エ	坂本 冬美		
オ	天童 よしみ		

（クイズ例：令和元年11月に使用）

簡単な表彰？を行うとより盛り上がります。

7 話し合いのルールの確認および宣誓

【FA】

これから、グループ内で話し合いを進めていただきますが、今回の話し合いのルールを申し上げます。これまでの座談会や会議等におきまして、この様な話し合いのルールの確認がなされないままに進行が進んでおりました。結果、座談会や会議に対するイメージがすこぶる悪く、皆さんの不満が多くありました。私が先導いたしますので、皆さんも「宣誓」願います。

話し合いのルール

一つ　自分ばかり話しません　・・・　ハイ
一つ　頭から否定しません　・・・　ハイ
一つ　楽しい雰囲気を大切にします・・　ハイ
一つ　参加者は対等です　・・・　ハイ
一つ　参加者が気持ちよく話せるよう
　　協力します　・・　ハイ

ありがとうございました

※出来れば、これまでの座談会や会議において、特に「元気」だった方にやっていただくと効果的です。

8 個人の意見を書きだす

【FA】

今日は、それぞれに、この地域の長所（良いところ、これからも残していきたいところ）と、短所（改善しなければならないところ、見直す必要があるところ）を出していただき、情報を共有していきたいと思います。

机の上にある、黄色い付箋を一人10枚程度お取りください。

1枚の付箋に一項目を、箇条書きで、そして、特に重要なこととして「読める字で」書いてください。各机に、黒の水性サインペンが置いてあると思います。一人1本お持ちください。付箋への記入は、そのサインペンでお願いします。

はじめに、地域の良いところ、これからも残していきたいと思うことから書いていただきます。ハード面、ソフト面どちらでも結構です。5番の方、タイマーを3分30秒にセットしてください。

それでは、スタートです・・・。

終了です。机の上にA3のコピー用紙が置いてありますので、一人1枚お取りになり、その紙に、今お書きになった付箋を貼り付けてください。

次に、改善しなければならないところ、見直す必要があるところを書いてもらいます。6番の方、タイマーを1分30秒にセットしてください。

それでは、スタートです・・・。

終了です。それでは机の上にあるA4のコピー用紙が置いてありますので、一人1枚お取りになり、その紙に、今お書きになった付箋を貼り付けてください。

9 個人の意見を聴く、そして模造紙に貼り付ける

【FA】

それでは、7番の方、私の所に来てください。

← **各グループに1枚模造紙①を渡す**

（長所から）

1番の方、お立ちください。A3に貼り付けてある「付箋」の1枚を取って、読みながら模造紙に貼り付けてください。

1枚貼り付けたら、同意見、類似意見の方はおりませんか、と聞きます。

いた場合は、1番の方の付箋の脇に貼り付けます。いない場合は、1番の方が2枚目の付箋を読

みながら模造紙に貼り付けます。同意見、類似意見の方はおりませんか。

（この繰り返し）

1番の方の付箋がなくなったら、同じやり方で2番、3番、・・・7番と全員の付箋が無くなるまで続けます。

※ ピンクの付箋は、付け足し用です。付け足しとは、皆さんで話し合いを進める中で、それならこんなことも考えられるね、と新たなアイデアが出てきたときに記載する付箋です。話し合いが進んでくると、黄色（個人の意見）の付箋の数よりも、ピンクの付箋の数が多くなってきます。一堂に会するメリットは実はここにあるのです。

終わりましたら、似た物を○で囲んでください。

そして、「見出し」を付けてください。

模造紙①

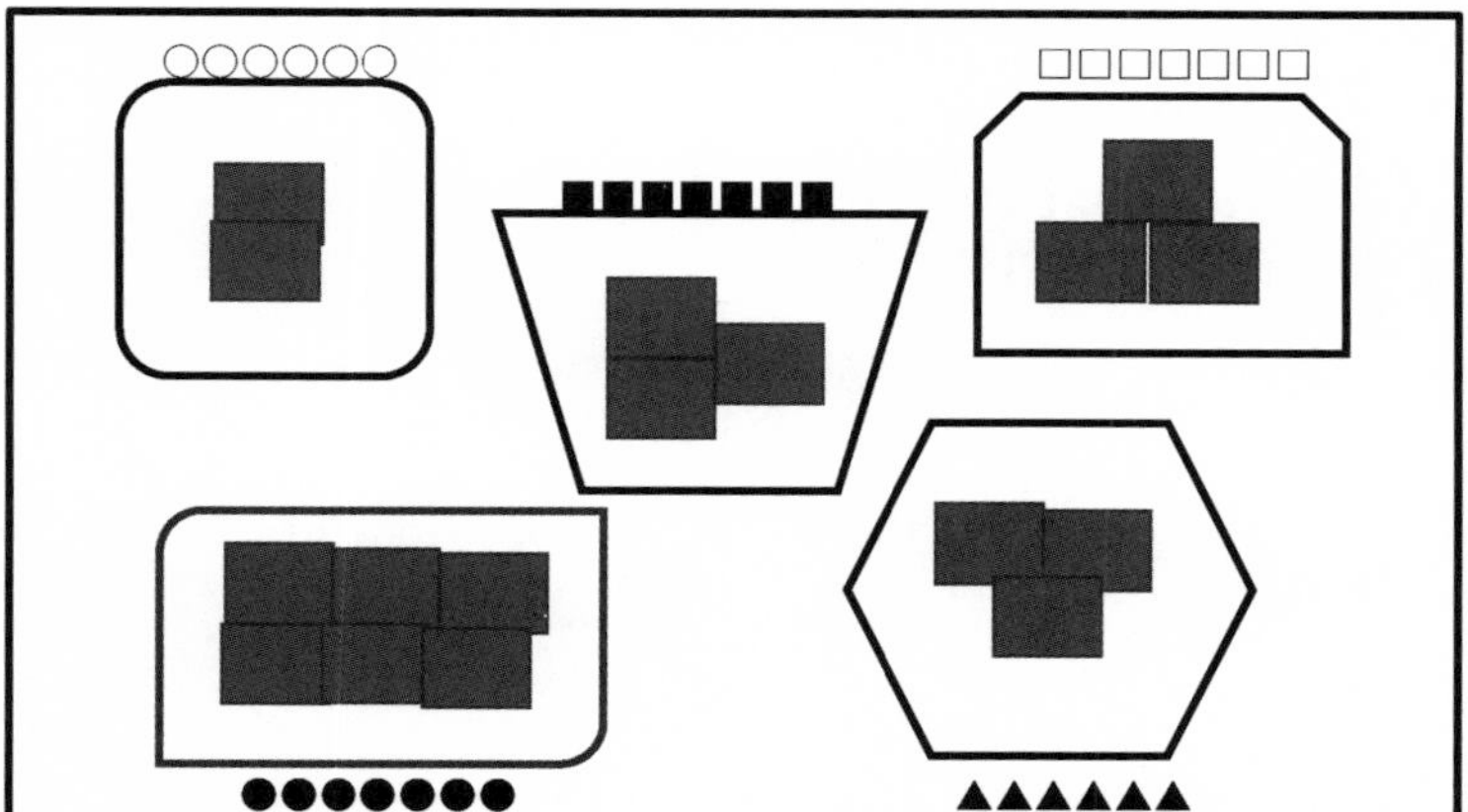

2番の方、私の所に来てください。

← **模造紙②を渡す**

模造紙②

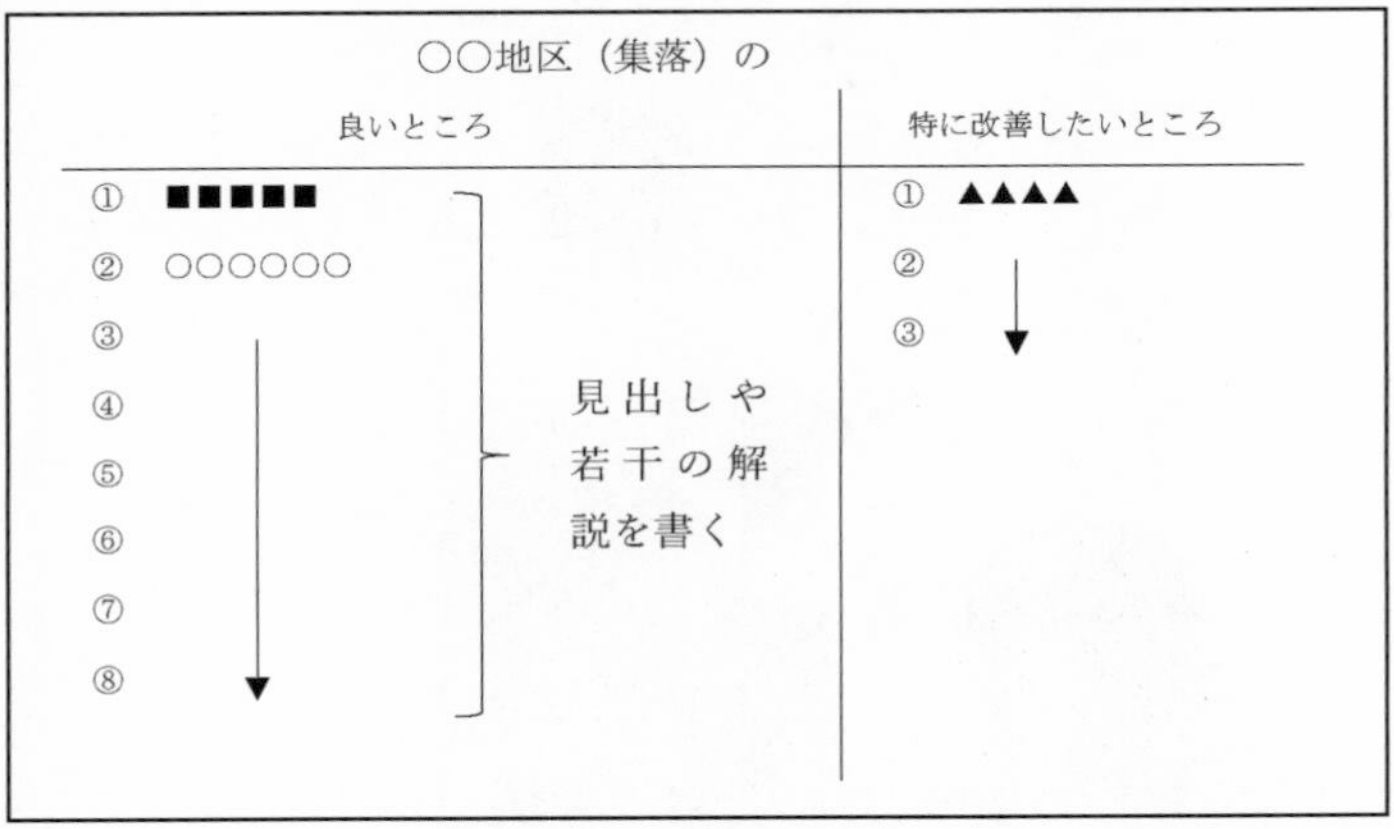

ホワイトボードや部屋の壁に磁石や養生テープを使用して、全グループの模造紙を貼ります。ガムテープは壁の塗装等を剥がしますので要注意です。

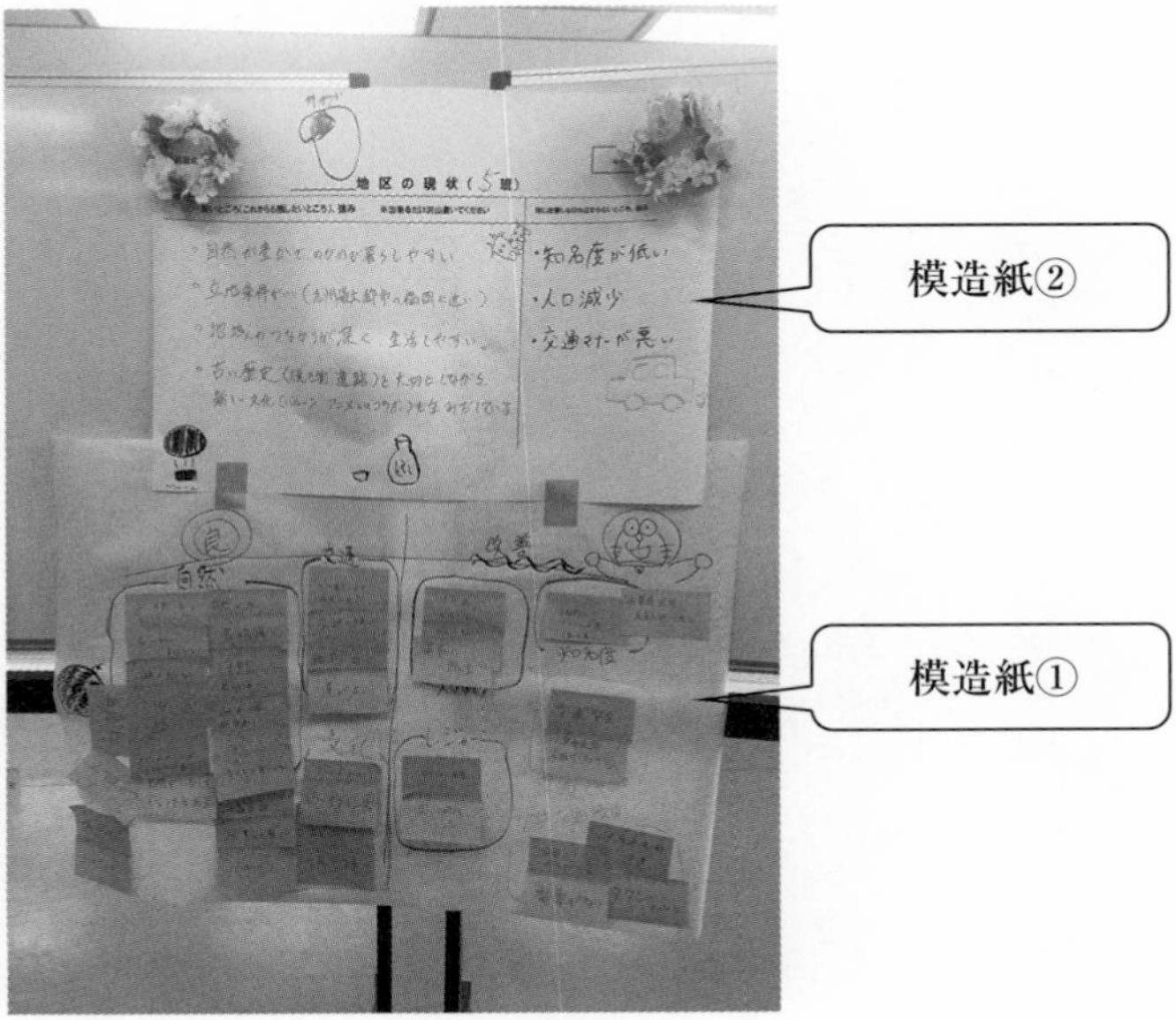

全体発表　各グループから発表者1名を選んでください。

長くても3分以内（タイマーセット）にまとめて発表してもらいます。

1回目は、参加者の意思確認と情報を共有することが重要です。地域の長所や改善したい点が記載されている模造紙は「カメラ」で撮り、後日全員に配るなどすれば、2回目以降の座談会の話し合いがより活発になります。

「話し合いのルール」など掲示の例

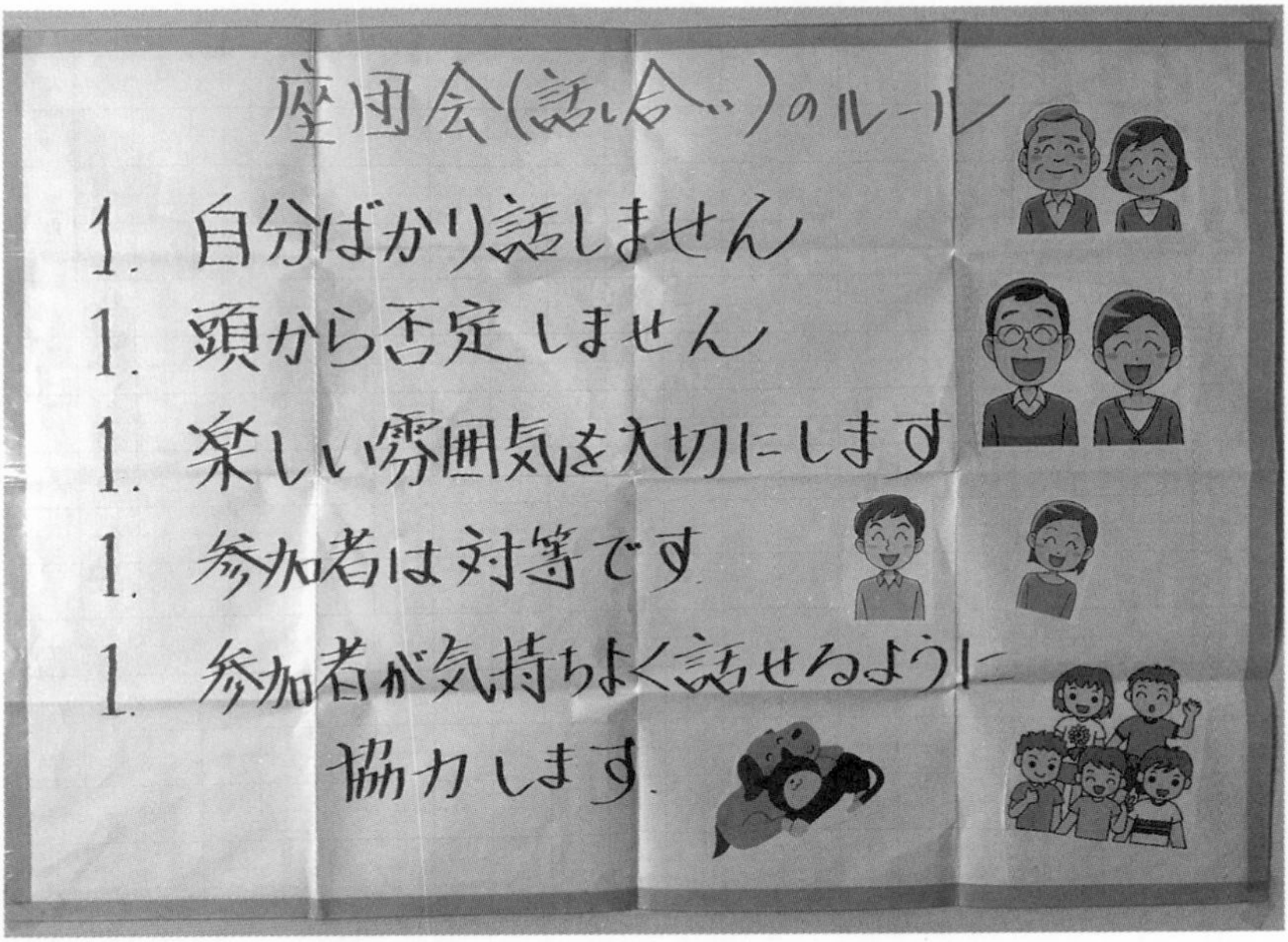

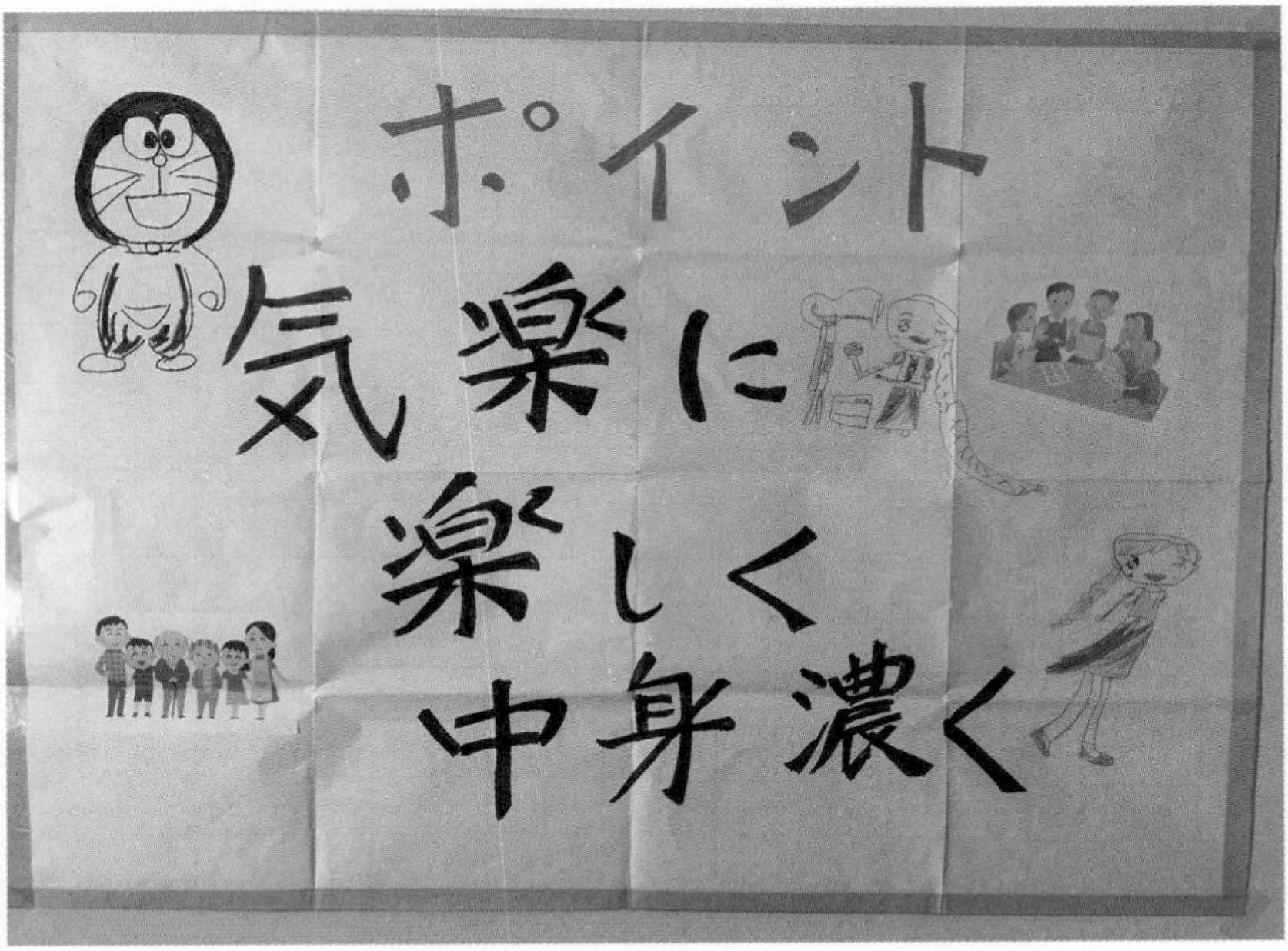

3　2回目の座談会の開き方
―一番多いと思われる「タイプB」で説明していきます―

1　主催者あいさつの例

皆さん、こんにちは。○○課長の◇◇です。
今日は、2回目の座談会です。
終了時間は○○時です。

2　主催者等の紹介

前回同様、進行を○○さんにお願いします。

3　前回の確認・今回の進め方の説明

【FA】
それでは、はじめに前回の確認をさせていただきます。

(1) ●月●日に行った、第1回目の座談会では、事務局から●年後のアンケート調査の結果が報告されました。それによると、この地域は現在の中心経営体（認定農業者）の方に頑張っていただく一方、新たな中心経営体を確保する必要がある、との報告がありました。その後、地域の皆様の意思確認をさせていただき、それを受けて、行政・関係機関一丸となって、この地域の未来設計図である「人・農地プラン」を描いていこうということになりました。

(2) そして、皆さんの地域に対する思いや考え方、意識の共有を図るために、地域の長所（良いところ、これからも残していきたいところ）と改善しなければならないところ、について全員で意見を出し合いました。

(3) それらのことも踏まえて、今回は地域としての「目標（方針）」を決めていきたいと思います。

（4）テーブルには、前回同様、土地改良区、JA、役所等の皆さんにも入っていただいております。

（5）現在、仲がいい方？　あるいは空いていたから、と適当にお座りいただいておりますが、これから全体を2つの分科会に分けて、話し合いを進めて参ります。その分け方は、皆さんの希望を優先といたしますが、人数に大幅な偏りがないように調整させていただきますので、ご協力をお願いします。

（6）まず、第1分科会のテーマは「現在の中心経営体（認定農業者）を応援するアイデアを皆で考えよう！」です。但し、農地の集約は必須とします。

（7）第2分科会は「新たな中心経営体（認定農業者）を確保するためのアイデアを皆で考えよう！」です。

（8）それでは、「第1分科会を希望される方」「第2分科会を希望される方」に分かれてください。

※なるべく、同人数になるように調整

4　自己紹介（全員に口を開かせる）

【FA】

それでは、前回同様テーブルごとに「自己紹介」をお願いいたします。今回も一人「1分間」とします。公平を期するために、グループ内でジャンケンを行い、最後まで残った方を1番とし、その方からスタートします。その方の、左隣の方が2番、その左隣の方が3番・・4、5、6、7番とします。今回は2番の方がタイマー係をお願いします。2番の方、タイマーをセットしてください。次に2つお願いがあります。1つ目に参加者は「対等」

ということですので、この話し合いの中で、自分を何て呼んでほしいのか、ニックネームをご披露してください。２つ目は、「実は私、・・・○○さんと●●なんです」を紹介の中に入れてください。

5　アイスブレイク（話し合いのキッカケづくり）

【FA】

各グループ3番の方、私の所に来てください。

← **A3の用紙を、問題（クイズ）が書いてある面を裏にして渡す**

私が、良いというまで裏返しのままにしておいてください。

4番の方、タイマーを3分にセットしてください。

それでは、表面にして皆さんで話し合いをしながら解答を出してください。

← **3分後**

終了です。では、解答を発表します。

2017年「ねぎ」の収穫量全国ベスト5県です
収穫量の多い順に番号を記入してください。

	県　名	収穫量(t)	順位
ア	千葉県		
イ	茨城県		
ウ	埼玉県		
エ	北海道		
オ	群馬県		

6 話し合いのルールの確認および宣誓

【FA】

これから、グループ内で話し合いを進めていただきますが、今回の話し合いのルールを申し上げます。これまでの座談会や会議等におきまして、この様な話し合いのルールの確認がなされないままに進行が進んでおりました。結果、座談会や会議に対するイメージがすこぶる悪く、皆さんの不満が多くありました。私が先導いたしますので、皆さんも「宣誓」願います。

話し合いのルール

一つ　自分ばかり話しません　・・・ハイ
一つ　頭から否定しません　・・・ハイ
一つ　楽しい雰囲気を大切にします・・・ハイ
一つ　参加者は対等です　・・・ハイ
一つ　参加者が気持ちよく話せるよう
　　　協力します　・・ハイ

ありがとうございました

※出来れば、これまでの座談会や会議において、特に「元気」だった方にやっていただくと効果的です。

7 個人の意見を書きだす

【FA】

それでは、はじめに個人で考えられるアイデアを沢山書いてください。

確認ですが、まず、第1分科会の方は「現在の中心経営体（認定農業者）を応援するアイデア」です。第2分科会の方は「新たな中心経営体（認定農業者）を確保するためのアイデア」です。

机の上にある、黄色い付箋を一人10枚程度お取りください。

1枚の付箋に一項目を、箇条書きで、そして、特に重要なこととして「読める字で」書いてください。各机に、黒の水性サインペンが置いてあると思います。一人1本お持ちください。付箋への記入は、そのサインペンでお願いします。

終了です。机の上にA3のコピー用紙が置いてありますので、一人1枚お取りになり、その紙に、今お書きになった付箋を貼り付けてください。

8　個人の意見を聴く、そして模造紙に貼り付ける

【FA】

それでは、5番の方、私の所に来てください。

← **各グループに1枚模造紙①を渡す**

6番の方、お立ちください。A3に貼り付けてある「付箋」の1枚を取って、読みながら模造紙に貼り付けてください。

1枚貼り付けたら、同意見、類似意見の方はおりませんか、と聞きます。

いた場合は、6番の方の付箋の脇に貼り付けます。いない場合は、6番の方が2枚目の付箋を読みながら模造紙に貼り付けます。同意見、類似意見の方はおりませんか。

（この繰り返し）

6番の方の付箋がなくなったら、同じやり方で1番、2番、・・・5番と全員の付箋が無くなるまで続けます。

※　ピンクの付箋は、付け足し用です。付け足しとは、皆さんで話し合いを進める中で、それならこんなことも考えられるね、と新たなアイデアが出てきたときに記載する付箋です。話し合いが進んでくると、黄色（個人の意見）の付箋の数よりも、ピンクの付

箋の数が多くなってきます。一堂に会するメリットは実はここにあるのです。

終わりましたら、似た物を○で囲んでください。
そして、「見出し」を付けてください。

模造紙①

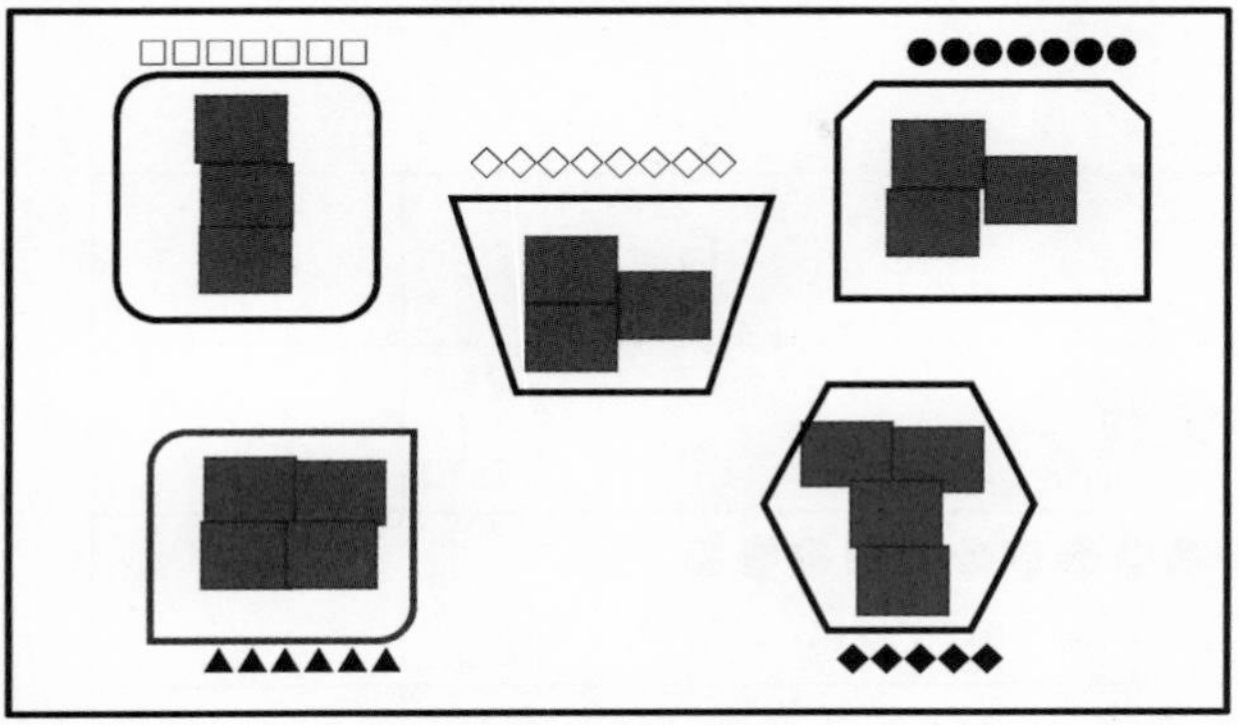

9　各グループとしての目標を絞る

1番の方、私の所に来てください。

←　模造紙②③を渡す

模造紙①で、○で囲まれた（見出しが付けられた）項目のうち、特に地域として取り組んだ方が良いと思われるものを第1分科会は2つ、第2分科会は3つに絞ります。

模造紙②　【第１分科会】

○○地域の「現在の中心経営体（認定農業者）を応援するアイデア」
●班　氏名（　　　　　　　　　　　　　　　　　　　　）

No.	項　　　　　　　目	
1	**農地の集約**	
2	●●●●●●●●●●●●●● （説明・・・・・・・・・・・・・・・）	
3	□□□□□□□□□□□□□□□□ （説明・・・・・・・・・・・・・・・）	

模造紙③　【第２分科会】

○○地域の「新たな中心経営体（認定農業者）を確保するアイデア」
●班　氏名（　　　　　　　　　　　　　　　　　　　　）

No.	項　　　　　　　目	
1	◇◇◇◇◇◇◇◇◇◇◇◇◇◇◇◇ （説明・・・・・・・・・・・・・・・）	
2	▲▲▲▲▲▲▲▲▲▲▲▲▲▲▲▲ （説明・・・・・・・・・・・・・・・）	
3	◆◆◆◆◆◆◆◆◆◆◆◆◆◆◆◆ （説明・・・・・・・・・・・・・・・）	

ホワイトボードや部屋の壁に磁石や養生テープを使用して、全グループの模造紙を貼ります。ガムテープは壁の塗装等を剥がしますので要注意です。

10 全体発表

各グループから発表者1名を選んでください。長くても3分以内（タイマーセット）にまとめて発表してもらいます。

はじめに、第1分科会の3つのグループが発表します。

第1分科会の3つのグループから2つずつ、最大で6つのアイデアが出てきます。この6つのアイデアを全て方針（目標）として取り上げるには、人的・時間的、予算的にも課題が生じることから、この時点で2つに絞り込んでいきます。

11 投票

投票は、全参加者に事務局から配布された赤色の丸シール（3枚／人）を自分が賛同するアイデアのところに貼り付けます。但し、自分のグループのアイデアには貼ることが出来ません。

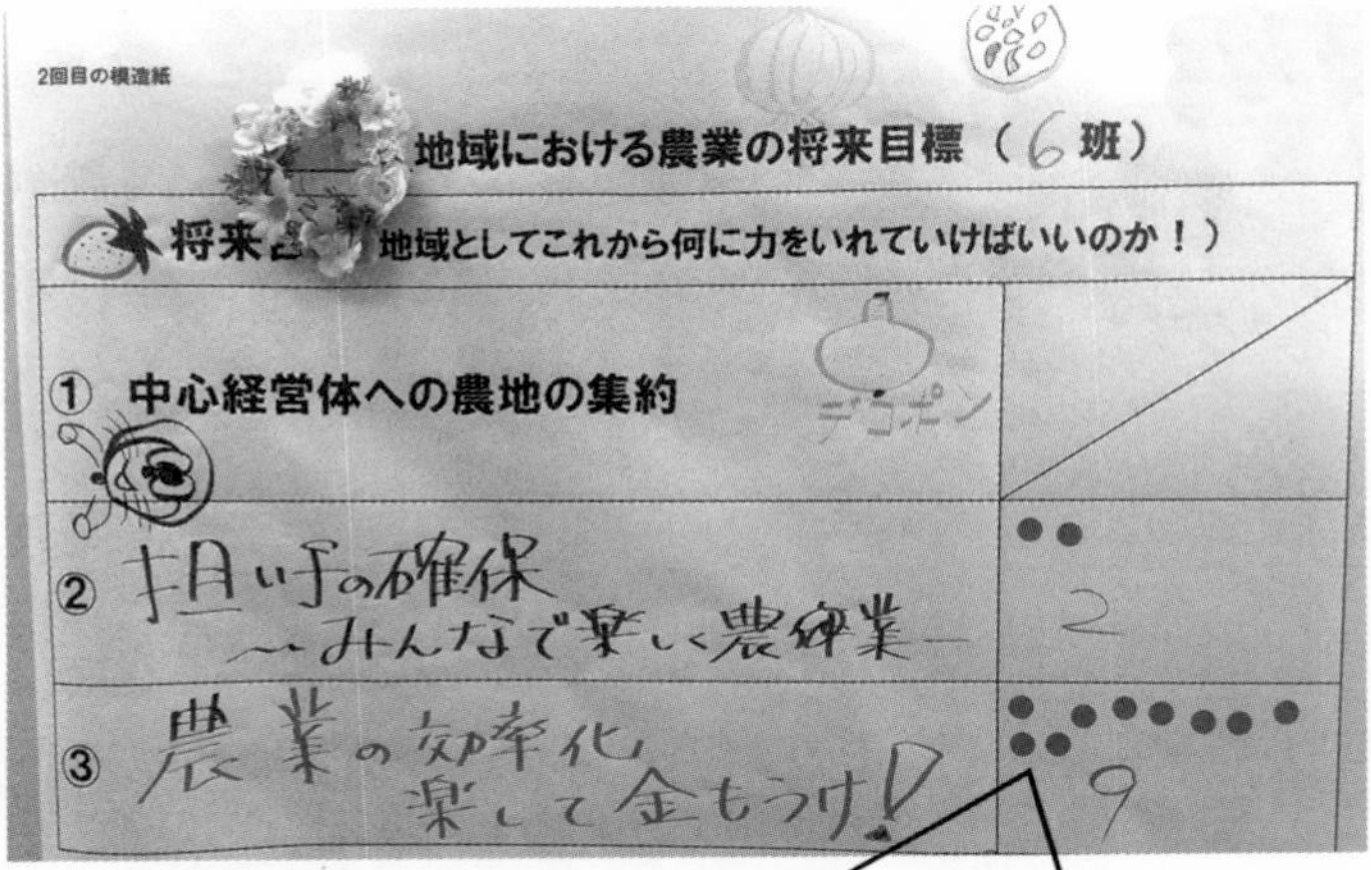
2回目の模造紙
地域における農業の将来目標（6班）
将来目
地域としてこれから何に力をいれていけばいいのか！）
① 中心経営体への農地の集約
デコポン
② 担い手の確保
〜みんなで楽しく農作業〜
2
③ 農業の効率化
楽して金もうけ！
9

このシールが多く貼られた上位２つの項目が地域の目標（方針）となります。※同じ項目（内容）の場合には、合計した数で決定することも可

第2分科会についても、同様に進め決定します

第2分科会では、3つのグループから3つずつ、最大で9つのアイデアが出てきます。この9つのアイデアの中から3つに絞り込んでいきます。

投票は、全参加者に事務局から配布された赤色の丸シール（3枚／人）を自分が賛同するアイデアのところに貼り付けます。但し、自分のグループのアイデアには貼ることが出来ません。

12 結果発表

これで、地域としての方針（目標）が3つずつ決まることになります。

○○地域の
「現在の中心経営体（認定農業者）を応援する方針（目標）」

No.	項　　　目
ア	**中心経営体（認定農業者）への農地の集約**
イ	●●●●●●●●●●●●●●
ウ	□□□□□□□□□□□□□□□□

○○地域の
「新たな中心経営体（認定農業者）を確保する方針（目標）」

No.	項　　　目
エ	▲▲▲▲▲▲▲▲▲▲▲▲▲▲▲
オ	◆◆◆◆◆◆◆◆◆◆◆◆◆◆◆
カ	■■■■■■■■■■■■■■■

4　3回目の座談会の開き方
―一番多いと思われる「タイプB」で説明していきます―

1　主催者あいさつの例

皆さん、こんにちは。○○課長の◇◇です。
今日は、3回目の座談会です。
・・・・・
終了時間は○○時です。

2　主催者等の紹介

前回同様、進行を○○さんにお願いします。

3　前回の確認・今回の進め方の説明

【FA】
それでは、はじめに前回の確認をさせていただきます。

（1）●月●日に行った、第2回目の座談会で、この地域の○年後の方針（目標）が決定いたしました。

現在の中心経営体（認定経営者）を応援する方針（目標）として
（ア）中心経営体（認定農業者）への農地の集約
（イ）・・・・・・
（ウ）・・・・・・　の3つです。

次に、中心経営体（認定経営者）を確保する方針（目標）として
（エ）・・・・・・
（オ）・・・・・・
（カ）・・・・・・　の3つです。

（2）今日は、その方針（目標）達成に向けて、

どのように取り組んでいくのかを決めていきたいと思います。

（3）テーブルには、前回同様、土地改良区、JA、役所等の皆さんにも入っていただいております。

（4）現在、仲がいい方？　あるいは空いていたから、と適当にお座りいただいておりますが、これから全体を大きく2つに分けます。

①　窓側のグループは、現在の中心経営体を応援する方法
（ア）（イ）（ウ）

②　廊下側のグループは、新たな中心経営体を確保する方法
（エ）（オ）（カ）
に分けて、話し合いを進めて参ります。

その分け方は、皆さんの希望を優先といたしますが、人数に大幅な偏りがないように調整させていただきますので、ご協力をお願いします。

（5）次に、窓側のグループを3つに分けます。（ア）のテーブルは、現在の中心経営体（認定農業者）への農地の集約をどの様に進めていくのか　（イ）・・・・（ウ）・・・・です。

（6）次に、廊下側のグループも3つに分けます。
（エ）・・・・　（オ）・・・・　（カ）・・・・です。

（7）全員お席に着かれましたか？　正直、○○について話し合いたかったなあ、と思う方もいるでしょうが、ご協力をお願いします。

4　自己紹介（全員に口を開かせる）

【FA】

それでは、前回同様テーブルごとに「自己紹介」としをお願いいたします。今回も一人「1分間」とします。公平を期するために、グループ内でジャンケンを行い、最後まで残った方を1番とし、その方からスタートします。その方の、左隣の方が2番、その左隣の方が3番・・4、5、6、7番とします。今回は2番の方がタイマー係をお願いします。2番の方、タイマーをセットしてください。次に2つお願いがあります。1つ目に参加者は「対等」ということですので、この話し合いの中で、自分を何て呼んでほしいのか、ニックネームをご披露してください。2つ目は、「最近、周りの方から言われてうれしかったこと・・・・」を紹介の中に入れてください。

5　アイスブレイク（話し合いのキッカケづくり）

【FA】

各グループ3番の方、私の所に来てください。

← A3の用紙を、問題（クイズ）が書いてある面を裏にして渡す

私が、良いというまで裏返しのままにしておいてください。

4番の方、タイマーを3分にセットしてください。

それでは、表面にして皆さんで話し合いをしながら解答を出してください。

← 3分後

終了です。では、解答を発表します。

（問題は、前回の事例を参考に皆さんで考えて

みてください）

6　話し合いのルールの確認および宣誓

【FA】

これから、グループ内で話し合いを進めていただきますが、今回の話し合いのルールを申し上げます。これまでの座談会や会議等におきまして、この様な話し合いのルールの確認がなされないままに進行が進んでおりました。結果、座談会や会議に対するイメージがすこぶる悪く、皆さんの不満が多くありました。私が先導いたしますので、皆さんも「宣誓」願います。

話し合いのルール

一つ　自分ばかり話しません　・・・　ハイ
一つ　頭から否定しません　・・・　ハイ
一つ　楽しい雰囲気を大切にします・・・　ハイ
一つ　参加者は対等です　・・・　ハイ
一つ　参加者が気持ちよく話せるよう協力します　・・　ハイ

ありがとうございました

※出来れば、これまでの座談会や会議において、特に「元気」だった方にやっていただくと効果的です。

7　個人の意見を書きだす

【FA】

それでは、はじめに個人で考えられるアイデアを沢山書いてください。

確認ですが、
（ア）のグループは、現在の中心経営体（認定農業者）への農地の集約をするアイデアです。
（イ）・・・・
（ウ）・・・・
（エ）のグループは、新たな中心経営体（認定

農業者）・・・・

（オ）・・・・・

（カ）・・・・・

机の上にある、黄色い付箋を一人10枚程度お取りください。

1枚の付箋に一項目を、箇条書きで、そして、特に重要なことととして「読める字で」書いてください。各机に、黒の水性サインペンが置いてあると思います。一人1本お持ちください。付箋への記入は、そのサインペンでお願いします。

終了です。机の上にA3のコピー用紙が置いてありますので、一人1枚お取りになり、その紙に、今お書きになった付箋を貼り付けてください。

8　個人の意見を聴く、そして模造紙に貼り付ける

【FA】

それでは、5番の方、私の所に来てください。

←　**各グループに1枚模造紙①を渡す**

6番の方、お立ちください。A3に貼り付けてある「付箋」の1枚を取って、読みながら模造紙に貼り付けてください。

1枚貼り付けたら、同意見、類似意見の方はおりませんか、と聞きます。

いた場合は、6番の方の付箋の脇に貼り付けます。いない場合は、6番の方が2枚目の付箋を読みながら模造紙に貼り付けます。同意見、類似意見の方はおりませんか。

（この繰り返し）

6番の方の付箋がなくなったら、同じやり方で1番、2番、・・・5番と全員の付箋が無くなるまで続けます。

※
ピンクの付箋は、付け足し用です。付け足しとは、皆さんで話し合いを進める中で、それならこんなことも考えられるね、と新たなアイデアが出てきたときに記載する付箋です。話し合いが進んでくると、黄色（個人の意見）の付箋の数よりも、ピンクの付箋の数が多くなってきます。一堂に会するメリットは実はここにあるのです。

模造紙①

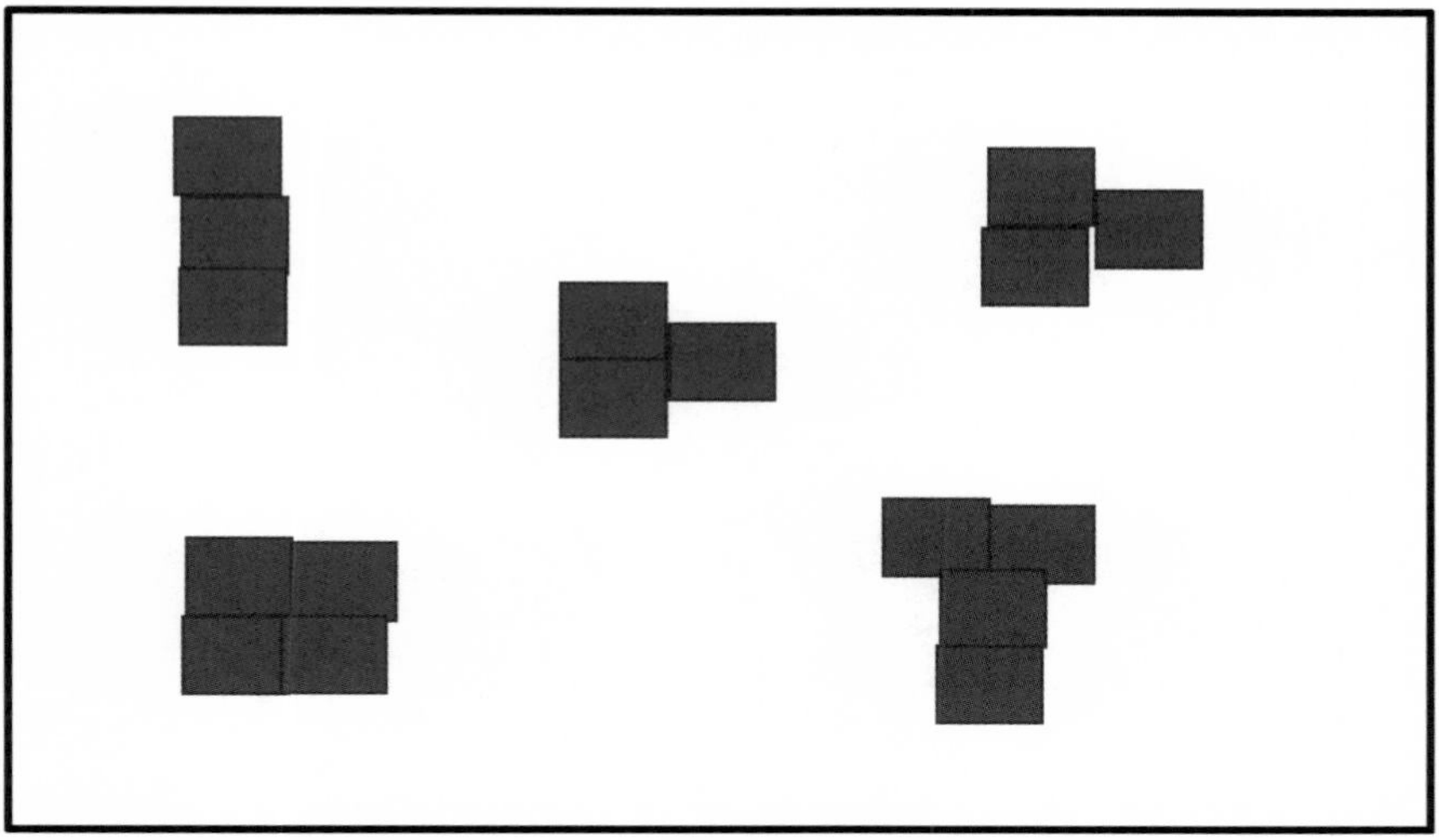

他のグループへの付け足し

今回は、１グループで一つの項目を協議していますので、ここで同部会（現中心経営体、新たな中心経営体の２つ）で別な項目を検討している皆さんからアイデアを頂きます。

ピンクの付箋を使用して、マジックの色を変えて

例　（ア）・（エ）の方　⇓　青で
　　（イ）・（オ）の方　⇓　緑で
　　（ウ）・（カ）の方　⇓　紫で
（以上３行）グループ間で貸し合う

（ア）のグループ⇓（イ）（ウ）のグループへ付け足し
（イ）のグループ⇓（ア）（ウ）　〃
（ウ）のグループ⇓（ア）（イ）　〃

（エ）のグループ⇓（オ）（カ）　〃
（オ）のグループ⇓（エ）（カ）　〃
（カ）のグループ⇓（エ）（オ）　〃

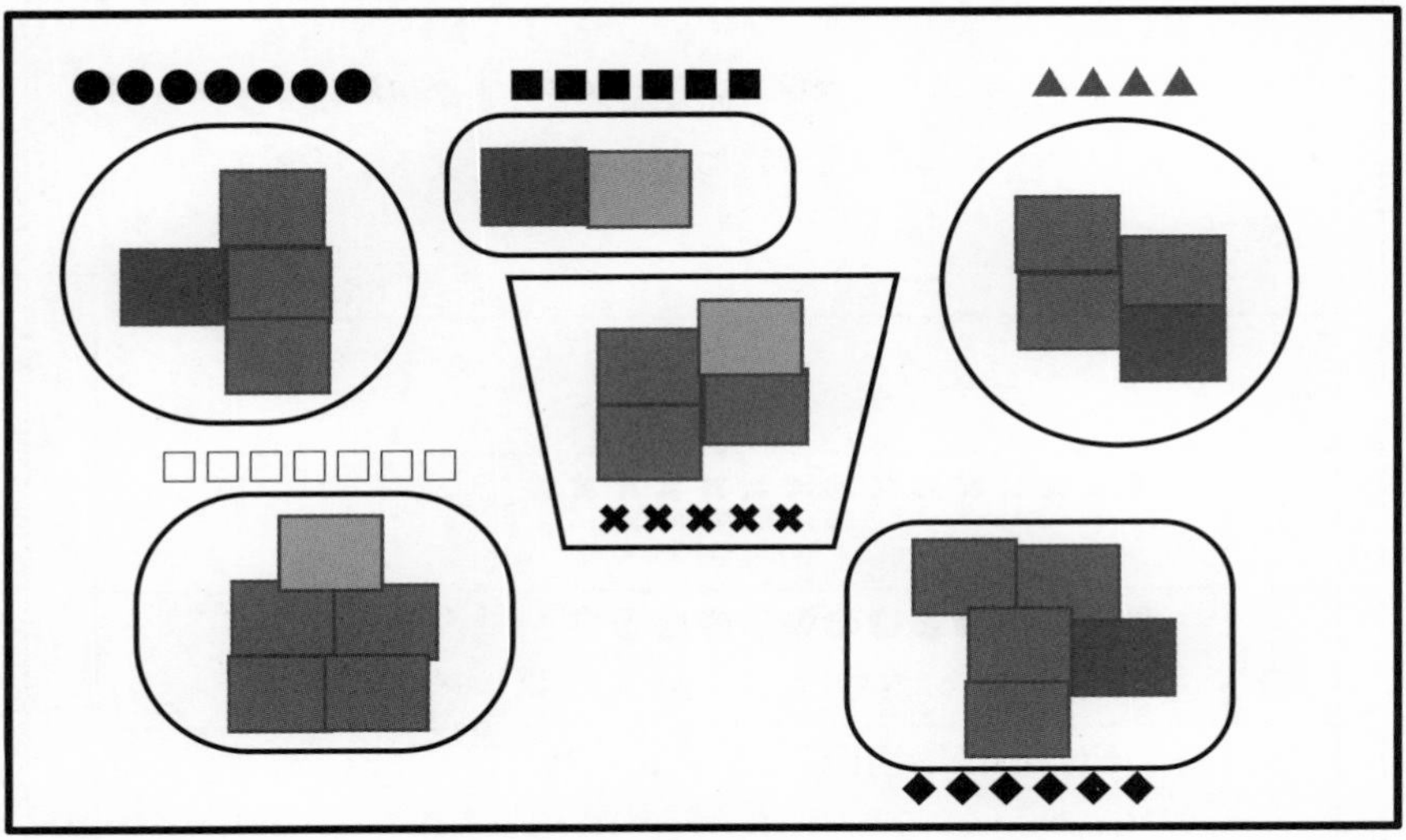

終わりましたら、最初のグループに戻って内容の確認をしてください。
そして、似た物を○で囲み、「見出し」を付けてください。

9　各グループとしての目標を絞る

1番の方、私の所に来てください。

← **模造紙②③を渡す**

模造紙①で、○で囲まれた（見出しが付けられた）項目のうち、特に地域として取り組んだ方が良いと思われるものを各グループとして3つに絞ります。この時に、他グループの方から付け足しがあった付箋の内容も十分加味して選んください。

ホワイトボードや部屋の壁に磁石や養生テープを使用して、全グループの模造紙を貼ります。ガ

模造紙②　【第１分科会（ア）】

○○地域の「現在の中心経営体（認定農業者）を応援するアイデア」
中心経営体（認定農業者）に農地の集約をするアイデア
●班　　氏名（　　　　　　　　　　　　　　　　　　　）

No.	項　　　　　　　　　目
1	✖✖✖✖✖✖✖✖✖✖✖✖✖✖✖ （説明・・・・・・・・・・・・・・・）
2	●●●●●●●●●●●●●● （説明・・・・・・・・・・・・・・・・）
3	□□□□□□□□□□□□□□□□□□□□□ （説明・・・・・・・・・・・・・・・・）

模造紙③　【第２分科会（エ）】

○○地域の「新たな中心経営体（認定農業者）を確保するアイデア」

◆◆◆◆◆◆◆◆◆◆◆◆◆◆◆◆◆◆◆◆◆◆◆◆◆◆◆◆◆

●班　氏名（　　　　　　　　　　　　）

No.	項目
1	△△△△△△△△△△△△△△△△ （説明・・・・・・・・・・・・・・・）
2	■■■■■■■■■■■■■■■■ （説明・・・・・・・・・・・・・・・）
3	◇◇◇◇◇◇◇◇◇◇◇◇◇◇◇◇ （説明・・・・・・・・・・・・・・・）

ムテープは壁の塗装等を剥がしますので要注意です。

10　全体発表

各グループから発表者1名を選んでください。

長くても3分以内（タイマーセット）にまとめて発表してもらいます。

6つのグループが発表します。

各グループから3つずつのアイデアが出てきます。

11 質疑応答

全グループの発表が終わりましたら、若干の時間をかけて質疑応答を行います。

12 取り組み内容の承認

地域として、この内容を取り組んでいくことに対して参加者の承認を得ます。

★このアイデア表は、「２回目の座談会で決めること」「３回目の座談会で決めること」「３回目の座談会終了後に報告をすること」をわかりやすく表したものです。この表を埋めることが座談会の１つの目標ですが、決してゴールではありません。座談会で決めたことを、**地域でしっかりと推進していくこと**が大切です。「地域でできること」「行政・関係機関ができること」を、３回目の座談会終了後にそれぞれから報告してもらい、確認するようにしましょう。

現在の中心経営体（認定農業者）を**応援する**アイデア表

２回目の座談会で決めること		３回目の座談会で決めること	３回目の座談会終了後にそれぞれから報告					
			地域が出来ること	行政・関係機関が出来ること				
				行政	農業委員会	ＪＡ	土地改良区	その他
1	中心経営体（認定農業者）に農地を集約するアイディア	（1）						
		（2）						
		（3）						
2		（4）						
		（5）						
		（6）						
3		（7）						
		（8）						
		（9）						

新たな中心経営体（認定農業者）を確保するアイデア表

2回目の座談会で決めること		3回目の座談会で決めること	3回目の座談会終了後にそれぞれから報告					
			地域が出来ること	行政・関係機関が出来ること				
				行政	農業委員会	ＪＡ	土地改良区	その他
4		（１０）						
		（１１）						
		（１２）						
5		（１３）						
		（１４）						
		（１５）						
6		（１６）						
		（１７）						
		（１８）						

5　座談会の具体的なスケジュール

「人・農地プラン」の実質化に向けた具体的な座談会のすすめ方（**1回目**）

項目　＼　時間（分）	10	20	30	40	50	60	70	80	90	100	110	120
1　開会	↔											
2　主催者挨拶	↔											
3　主催者等紹介（FA紹介含む）	↔											
4　アンケート結果報告 地図の説明 この地域のタイプ？		↔										
5　地域・参加者の意思確認			↔									
6　全体・今回の進め方の説明				↔								
7　グループ内自己紹介					↔							
8　アイスブレイク						↔						
9　話し合いのルール						↔						
10　情報提供（個人）							↔					
11　〃（グループ）							↔	↔				
12　〃（〃まとめ）									↔	↔		
13　全体発表										↔	↔	
14　まとめ／アンケート												↔
15　閉会行事												↔

「人・農地プラン」の実質化に向けた具体的な座談会のすすめ方（**2回目：分科会又は分散会**）

項目　＼　時間（分）	10	20	30	40	50	60	70	80	90	100	110	120
1　開会	↔											
2　主催者挨拶	↔											
3　主催者等紹介（FA紹介含む）	↔											
4　前回の結果確認 今回の進め方説明		↔	↔									
5　グループ内自己紹介			↔	↔								
6　アイスブレイク				↔	↔							
7　話し合いのルール					↔							
8　意見（個人）					↔	↔						
9　〃（グループ）						↔	↔					
10　〃（〃まとめ）							↔	↔	↔			
11　全体発表									↔	↔		
12　投票										↔	↔	
13　結果発表											↔	
14　アンケート												↔
15　閉会行事												↔

「人・農地プラン」の実質化に向けた具体的な座談会のすすめ方（**3回目：分科会**）

項目 ＼ 時間（分）	10	20	30	40	50	60	70	80	90	100	110	120
1　開会	↔											
2　主催者挨拶	↔											
3　主催者等紹介（FA紹介含む）	↔											
4　前回の結果確認 今回の進め方説明		↔										
5　グループ内自己紹介		↔	↔									
6　アイスブレイク			↔									
7　話し合いのルール			↔									
8　意見（個人）				↔								
9　〃（グループ）				↔	↔							
1 0　〃（〃まとめ）						↔						
1 1　他分科会への付け足し							↔	↔				
1 2　グループ再協議									↔			
1 3　全体発表										↔		
1 4　質疑応答・承認											↔	
1 3　アンケート												↔
1 4　閉会行事												↔

6　座談会（ワークショップ方式）1回分で使用する備品・消耗品等一式（例）

受付関係

		チェック
①	名簿	
②	名札	
③	名札ケース	

配布物関係

		チェック
④	レジュメ	
⑤	アンケート用紙	

表示物関係

		チェック
⑥	会場案内	
⑦	班表示	

映像関係（使用する場合）

		チェック
⑧	パソコン	
⑨	プロジェクター	
⑩	スクリーン	
⑪	接続ケーブル	
⑫	延長コード	
⑬	USB（データ）	
⑭	パワポ連動 レーザーポインター	

時間関係

		チェック
⑮	進行表	
⑯	時計	
⑰	キッチンタイマー（1個／班）	

書き出す

		数量	チェック
⑱	ホワイトボード（壁に貼り付け可能か:**応談**）	5台	
⑲	模造紙記載用マーカー（プロッキー8色）	1セット/班	
⑳	方眼模造紙	2枚／班（応談）	
㉑	A3コピー用紙	1枚／人	
㉒	A4コピー用紙	50枚	
㉓	付箋紙 黄色 ピンク（75×100ミリ）	2色 100枚／班	
㉔	投票用シール 赤で直径20ミリの円	3枚／人	
㉕	付箋記載用水性サインペン黒（細）	1本／人	
㉖	はさみ・糊	2個	
㉗	水性マーカー ホワイトボード記載	黒・赤・青（各1本）	
㉘	セロテープ	3個	
㉙	造花（100均）	2個/班	
㉚	テーブルクロス（100均）	1枚/班	

記録関係

		数量	チェック
㉛	デジタルカメラ	1～2台	

貼り出す

		数量	チェック
㉜	強力マグネット	5個/班	
㉝	養生テープ	3個	

演出する

		数量	チェック
㉞	マイク等	1セット	
㉟	CDラジカセ	1台	
㊱	お菓子・飲み物	人数分	

グループ⑤

7　1回目の座談会の始めに、会の趣旨を説明するための「紙芝居」

なぜ、この様な
「座談会
（ワークショップ方式）」
に変えたいのか！

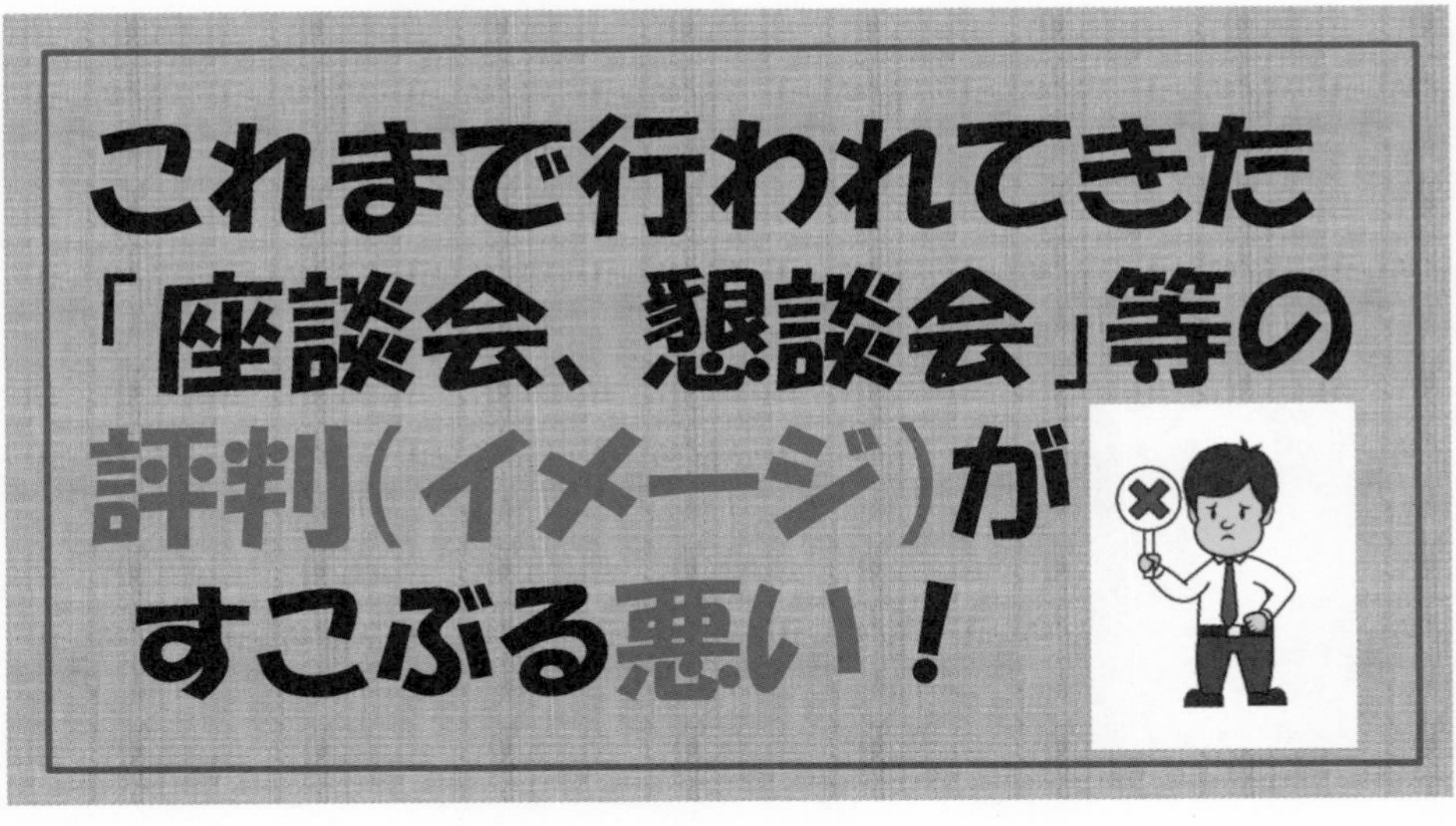
これまで行われてきた
「座談会、懇談会」等の
評判（イメージ）が
すこぶる悪い！

懇談会開催後のアンケートによると・・・・

①いつも、同じ人ばかりが話している

②声の大きい人の意見だけがとおる

③どうせ意見を
言っても
変わらない

④皆の前で意見を
言える勇気がない

実は、主催者側の皆さんも、
出来れば出たくない
という思いの方が
何と　約8割！

直接、関係者に案内状
等を出しても
参加者が
集まらない

そこには、お互いに自分の思いを
①話せない
②聴いて
もらえない等の
「不満」があったのです。

「人・農地プラン」は、
皆さんにとっても
地域にとっても、
行政にとっても
とても大切なプランです。

そこで、今回は参加した人
全員が自分の思いや
考えを出し合いながら
進めてみる方法を
取り入れてみました。

その手法とは、
（一社）全国農業会議所でも進めている「MFA（会議ファシリテーター普及協会）メソッド」で、
付箋を活用した
話し合いです。

memo

memo

memo

■著者紹介

澤畑　佳夫（さわはた・よしお）

1981年に東海村役場に入庁。青少年センター所長、自治推進課長、農業委員会事務局長などを歴任。2018年３月に定年後も再任用職員として農地利用の最適化に取り組み、19年３月に退職。現在は全国農業会議所の専門相談員を務める。

地方考夢《こうむ》員研究所所長。

（一社）ＭＦＡ（会議ファシリテーター普及協会）認定ファシリテーター

（一社）ソトコト流域生活研究所長

（一財）公共経営研究機構講師・研究員

（一社）茨城県子ども会育成連合会理事兼専門員

全国農業図書ブックレット

改訂版　地域（集落）の未来設計図を描こう！

～人・農地プランの実質化を確実に進めていくための、思いをカタチにできる集落座談会の開き方～

令和２年12月　発行　　定価：本体637円＋消費税　送料別

著者：澤畑 佳夫

発行：一般社団法人 全国農業会議所

〒102-0084 東京都千代田区二番町９－８

（中央労働基準協会ビル２階）

電話　03－6910－1131

全国農業図書コード　R02－30